NINGXIA NANBU SHANQU XINGSHU
TIZHI ZENGXIAO JISHU

宁夏南部山区 杏树提质增效技术

马付生／编　著

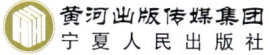

黄河出版传媒集团
宁夏人民出版社

图书在版编目（CIP）数据

宁夏南部山区杏树提质增效技术/马付生编著. -- 银川：宁夏人民出版社，2019.11
ISBN 978-7-227-07095-5

Ⅰ.①宁… Ⅱ.①马… Ⅲ.①山区—杏—果树园艺—宁夏 Ⅳ.①S662.2

中国版本图书馆CIP数据核字（2019）第234415号

宁夏南部山区杏树提质增效技术　　　　　　　　　马付生　编著

责任编辑	陈　浪
责任校对	陈　晶
封面设计	一　卜
责任印制	肖　艳

出 版 人	薛文斌	
地　　址	宁夏银川市北京东路139号出版大厦（750001）	
网　　址	http://www.yrpubm.com	
网上书店	http://www.hh-book.com	
电子信箱	nxrmcbs@126.com	
邮购电话	0951-5052104　5052106	
经　　销	全国新华书店	
印刷装订	宁夏银报智能印刷科技有限公司	
印刷委托书号	（宁）0014863	

开本	880 mm×1230 mm　　1/32
印张	4.25
字数	100千字
版次	2019年11月第1版
印次	2019年11月第1次印刷
书号	ISBN 978-7-227-07095-5
定价	28.00元

版权所有　侵权必究

1. 芽接
2. 枝接第二年生长情况

防霜冻

嫁接示范园

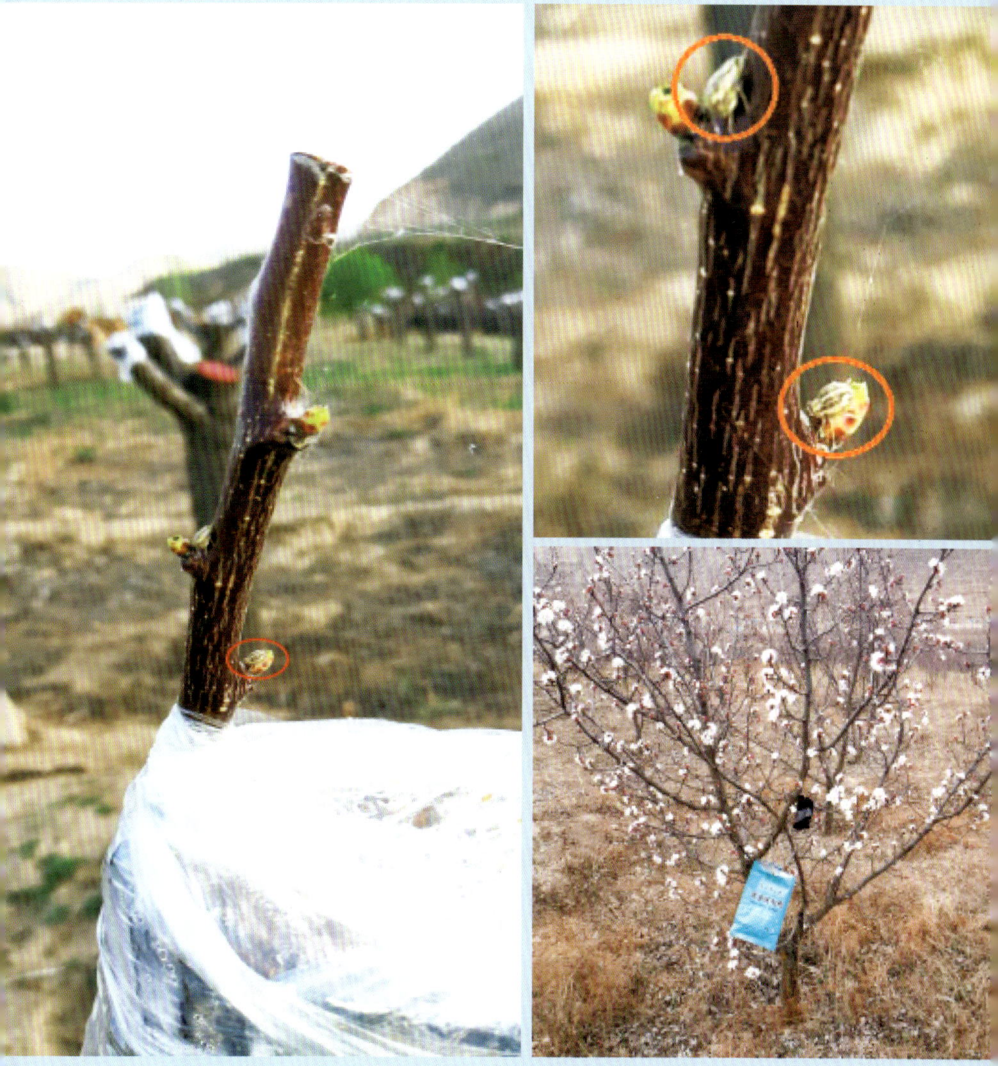

1 | 2 / 3

1.亥象危害枝条嫩芽(1)

2.亥象危害枝条嫩芽(2)

3.迷向剂

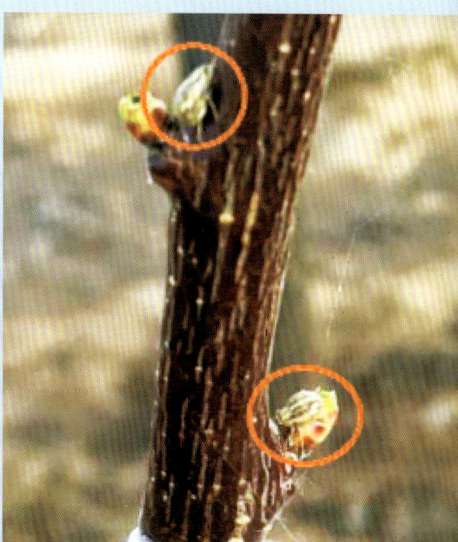

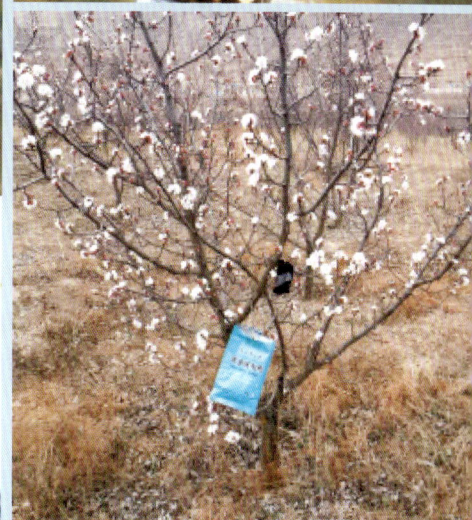

杏林秋景

前　言

宁夏南部地区是一块神奇的土地。这里有闻名全国的中国工农红军会师地将台堡，有西北黄土高原上的"绿岛"六盘山。但同时，这里环境恶劣，干旱少雨，自然灾害频繁。

我在宁夏从事林业工作多年。由于工作需要，自己每年都要到西吉县走几次。走得次数多了，对这里的山川地貌、气候特征、风土人情都有了一定的了解，对生活在这里的人们怀有浓浓的感情。

出于职业习惯，我对西吉县的林业状况更为关注。

长期以来，受自然条件制约，西吉县适宜种植栽培的果树品种非常少。杏树是西吉县种植栽培最普遍的果树之一，杏树资源丰富。这是一笔巨大的生态财富、林业财富。

西吉县的杏树以山杏为主，杏品质较差，产量不均。主要原因有以下几个方面。一是杏树品种老化。西吉县地处边远贫困山区，品种退化严重，果实小，品质差，产量低。有些地方虽然栽植优良品种，但因地区适应性较差，产量极不稳定。二是气候条件恶劣。黄土高原地区无霜期短，终霜期一般在5月中旬，而杏花期正值4月上旬，一旦遇到寒流与降霜天气，杏树只有零星挂果或绝收。三是经营管理粗放。杏树多种植于荒山陡坡，水肥条件很差。人们大多习惯于靠天吃饭，没有给杏树锄草施肥，也没有整形修剪，放任杏树生长，疏于管理，导致杏树不结果或结果少。

通过对山杏嫁接改良，从而实现优质丰产的目的，是一条可行之路。

在实施"宁南地区两杏提质增效关键技术集成与示范项目"的过程中，作者查阅了大量的文献资料，汲取了当地杏树栽培的成功经验，在实践中获得了大量的第一手资料，编著成书。书中详细阐述了宁夏南部山区山杏高接接种技术、花期和幼果期防霜冻技术、病虫害防治技术等，对于当地的杏树嫁接改良，具有很强的指导性和可操作性。同时，对于自然条件和气候条件相似地区的杏树嫁接改良，具有一定的借鉴和参考作用。

西吉县位于宁夏中部干旱带上，气候条件严酷。西吉县能够做到的事，在其他地方一定能够做到，并且能够做得更好。我想，这就是《宁夏南部山区杏树提质增效技术》一书的最大意义所在。

有感于西吉县林业的快速发展，对于今后西吉县杏树嫁接改良，提质增效，发展杏产业，我有三点建议，以供参考。

一是要加强杏园管理。做好施肥、灌水、锄草、修剪、防霜冻、防日灼、防病害、防虫害、防兔害等各个环节的管理工作。管理到位，病虫害就少。如杏果实斑点病、杏疔病等多种病害，都能够通过增施有机肥增强树势、合理修剪、改善树体通风透光条件、提高树体抗病能力来进行预防。管理出效益。管理到位，杏树产量就高，杏的品质就好。

二是要加强产品宣传。人们常说"酒好不怕巷子深"。但是，现在交通便利，杏产品极为丰富，"酒好也怕巷子深"。西吉县栽培的红梅杏，苗木和接穗都来自彭阳县。西吉县要借助彭阳红梅杏获得国家地理标志产品这个优势，做好宣传工作，建立畅通的销售渠道，把自己优质的产品销售出去，让种植者得到实实在在的好处。

三是要扩大规模，探索多种经营。西吉县山杏种植面积很大，潜力也就很大。加快山杏改造步伐，同时，积极发展林下经济和旅游业，就一定能把杏产业做大做强，让生态效益转化为经济效益，让绿水青山变成金山银山。

曹川健

2019 年 6 月 16 日

目 录

理论篇

第一章 杏树的主要种类及品种特性

第一节 山 杏 …………………………………… 3

第二节 毛 杏 …………………………………… 5

第三节 红梅杏 …………………………………… 6

第四节 串枝红杏 ………………………………… 6

第五节 金太阳杏 ………………………………… 7

第六节 曹 杏 …………………………………… 8

第七节 兰州大接杏 ……………………………… 9

第八节 库车小白杏 ……………………………… 9

第九节 叶城黑叶杏 ……………………………… 10

第十节 和田胡安娜杏 …………………………… 11

第十一节 敦煌李广杏 …………………………… 12

第十二节 龙王帽 ………………………………… 13

第十三节 白玉扁 ………………………………… 14

第十四节　沙金红杏 ………………………… 14

　　第十五节　张公园杏 ………………………… 15

第二章　嫁接的时期和准备工作

　　第一节　嫁接时期的选择 ……………………… 17

　　第二节　嫁接工具和用品 ……………………… 18

　　第三节　嫁接中愈伤组织形成的条件 ………… 19

第三章　接穗的采集和储藏

　　第一节　接穗的采集 …………………………… 22

　　第二节　接穗的储藏 …………………………… 23

第四章　杏树嫁接方法

　　第一节　芽　接 ………………………………… 24

　　第二节　枝　接 ………………………………… 27

　　第三节　果树高接的作用 ……………………… 35

　　第四节　根　接 ………………………………… 38

第五章　嫁接后的管理

　　第一节　检查嫁接成活 ………………………… 40

　　第二节　抹芽除萌解绑 ………………………… 41

　　第三节　立柱固定防风 ………………………… 42

　　第四节　新梢摘心修剪 ………………………… 43

　　第五节　防治病虫危害 ………………………… 44

　　第六节　加强土肥水管理 ……………………… 45

第六章　杏树病虫害防治措施

第一节　桃小食心虫 ·················· 47

第二节　梨小食心虫 ·················· 49

第三节　介壳虫 ···················· 50

第四节　铜绿金龟子 ·················· 53

第五节　蚜　虫 ···················· 55

第六节　亥　象 ···················· 57

第七节　杏疔病 ···················· 58

第八节　杏疮痂病 ··················· 60

第九节　杏果实斑点病 ················· 61

第十节　杏树褐腐病 ·················· 62

第七章　防冻防寒措施

第一节　常用防冻防寒措施 ··············· 64

第二节　棚布覆盖简易防霜冻措施 ············ 66

实践篇

第八章　杏树提质增效技术

第一节　宁夏南部山区山杏嫁接技术 ··········· 69

第二节　宁夏南部山区杏树棚布简易覆盖防霜冻技术

················ 72

第三节　宁夏山区退耕林地山杏高接换种技术 ······· 75

第四节　宁夏南部干旱山区退耕还林技术初探 ······· 77

第五节　固原市原州区红梅杏嫁接育苗技术探讨 ······ 84

第六节 六盘山区退耕林地山桃高接换头技术 ………… 87
第七节 杏树嫁接技术规程 ………………………… 90
第八节 红梅杏嫁接育苗技术 ……………………… 94
主要参考文献 ……………………………………… 98

附 录

附录一 宁夏回族自治区林业局公告 ……………… 103
附录二 西吉县宁南地区"两杏"提质增效关键技术集成与示范项目实施方案 ……………………………… 113

理论篇

LILUN PIAN

第一章 杏树的主要种类

第一节 山 杏

山杏[*Armeniaca sibirica*（L.）Laml.]，蔷薇目，蔷薇科，杏属植物，通常人们称之为杏子，或者野杏。是黄河流域的重要乡土树种之一，主要分布于我国陇东、陇南等地。山杏用途广泛，经济价值高，可绿化荒山、保持水土，也可作为沙荒防护林的伴生树种。在生态环境保护方面，它不仅具有防治水土流失、绿化荒山的重要作用，并且因其抗旱、耐寒抗旱的本质属性，可做砧木，是选育耐寒杏品种的优良原始材料；在日常生活中，种仁既供药用，又可作为煲汤入药的滋补佳品，还可加工提炼成化妆品、油漆涂料的高级重要原料；种仁可作扁桃的代用品，并可榨油。我国东北和华北地区大量生产种仁，供内销和出口。可见，山杏较高的经济价值和利用价值不容小觑。

一、形态特征

灌木或小乔木，落叶，高 2~5 米；树皮暗灰色；小枝无毛，幼时疏生短柔毛，灰褐色或淡红褐色。叶片卵形或近圆形，长

5~10厘米，宽4~7厘米，先端长渐尖至尾尖，基部圆形至近心形，叶缘有细钝锯齿，两面无毛，仅下面脉腋间具短柔毛；叶柄长2~3.5厘米，无毛，有或无小腺体。花单生，直径1.5~2厘米，先于叶开放；花梗长1~2毫米；花萼紫红色；萼筒钟形，基部微被短柔毛或无毛；萼片长圆状椭圆形，先端尖，花后反折；花瓣近似于圆形或倒卵形，白色或粉红色；雄蕊的长度接近于花瓣的长度；子房被短柔毛。果实扁球形，直径1.5~2.5厘米，黄色或橘红色，有时具红晕，被短柔毛；果肉较薄而干燥，成熟时开裂，味酸涩不可食，成熟时沿腹缝线开裂；核扁球形，易与果肉分离，两侧扁，顶端圆形，基部一侧偏斜，不对称，表面较平滑，腹面宽而锐利种仁味苦。花期3—4月，果期6—7月。

二、生长习性

山杏适应性强，喜光，根系十分发达，其根部能够深扎于土壤之中。具有耐寒、耐旱、耐瘠薄的特点。无论在冬季-30℃至-40℃的低温，还是在7—8月土壤含水量仅为3%~5%的干旱季节，山杏都能够顽强生长。但就其生长地域来看，相较于在低温和盐渍化土壤之中，其在深厚的黄土或冲积土上生长更为良好。山杏寿命较长。一般情况下定植4—5年后可以结出果实，而生长10—15年就进入了盛果期。值得注意的是，其产量与花期时节的气候等密切相关，因此，产量具有不确定性。

三、分布范围

山杏主要分布于中国黑龙江、吉林、辽宁、内蒙古、甘肃、河北、山西等地。生于干燥向阳山坡上、丘陵草原或与落叶乔灌木混生，海拔700~2000米。蒙古东部和东南部、苏联远东和西伯利亚也有分布。

第二节 毛 杏

毛杏 [*Armeniaca sibirica* (Linn.) Lam.var.*pubescens* Kost.]，为蔷薇科李属植物杏的一个品种。

一、形态特征

乔木，高 5~8 米；树冠圆形、扁圆形或长圆形；树皮灰褐色，纵裂；多年生枝浅褐色，皮孔大而横生，一年生枝浅红褐色，有光泽，无毛，具多数小皮孔。叶片宽卵形或圆卵形，长 5~9 厘米，宽 4~8 厘米，先端急尖至短渐尖，基部圆形至近心形，叶边有圆钝锯齿，两面无毛或下面脉腋间具柔毛；叶柄长 2~3.5 厘米，无毛，基部常具 1~6 个腺体。花单生，直径 2~3 厘米，先于叶开放；花梗短，长 1~3 毫米，被短柔毛；花萼紫绿色；萼筒圆筒形，外面基部被短柔毛；萼片卵形至卵状长圆形，先端急尖或圆钝，花后反折；花瓣圆形至倒卵形，白色或带红色，具短爪；雄蕊 20~45 个，稍短于花瓣；子房被短柔毛，花柱稍长或几与雄蕊等长，下部具柔毛。果实球形，极小数为倒卵形，直径约 2.5 厘米，白色、黄色或黄红色，常具红晕，微被短柔毛；果肉多汁，成熟时不开裂；核卵形或椭圆形，两侧扁平，顶端圆钝，基部对称，稀不对称，表面稍粗糙或平滑，腹棱较圆，常稍钝，背棱较直，腹面具龙骨状棱；种仁味苦或甜。花期 3—4 月，果期 6—7 月。

毛杏的小枝、花梗和叶片下面被短柔毛，老时叶片毛逐渐脱落，仅下面脉腋间或沿叶脉具毛。

二、分布范围

产自黑龙江、吉林、辽宁、内蒙古、甘肃、河北、山西等地。生于山坡阳处杂木林或灌丛中，或见于沟谷及草原中，海拔 1200~2500 米。在朝鲜也有生长。

第三节　红梅杏

红梅杏（Armeniaca vulgaris Lam. 'hongmei'），为蔷薇科杏属植物杏中的一个品种。

一、品种来源

驯化树种。

二、品种特性

树冠较开张，属丰产品种。7年生平均亩产1500千克，平均单果重量约为29~34克，最大单果重量甚至可达43克。红梅杏正常气候条件下成熟时间为6月下旬，采摘期一般为20天左右，一般条件下贮藏期7天左右。鲜食品种。其果实近圆形，果皮底色接近红色，皮薄，肉多，少绒毛，味道鲜美，色泽艳丽，香气浓郁，口感香脆，不易变味。其杏仁味甜，离核。果肉含总糖10.09%，总酸1.20%，维生素C 8.26毫克/100克，硒0.0037毫克/千克，钾4108.4毫克/千克。

三、适宜种植范围

宁夏南部山区的彭阳县、西吉县，以及原州区东部的黄土丘陵沟壑区。

第四节　串枝红杏

串枝红杏，为蔷薇科杏属植物杏中的一个品种。

一、品种来源

驯化树种。巨鹿串枝红杏原产于河北省巨鹿县，已有300多年的栽培历史，因果实红艳，密集成串，故取名为"串枝红杏"。

二、品种特性

属于鲜食和加工兼用型品种。串枝红杏口感属甜酸型，果肉细密、汁多，酸甜可口，果实个大味美，具有丰富的营养价值。平均单果重约52.5克，其果肉含可溶性固形物16%，还原糖1.96%，可溶糖5.6%，可滴定酸1.65%，每100克果肉含VC7.46毫克，还富含胡萝卜素、VB1、VB2、VPP、钙、磷等营养物质，尤其含有丰富的蛋白质和抗癌物质VB17。串枝红杏一般条件下可储藏10天以上，有利于长途运输。

三、适宜种植范围

串枝红杏在全国各地均可种植，多数为栽培，尤以华北、西北和华东地区种植较多。

第五节　金太阳杏

金太阳杏（*Armeniaca vulgaris* Lam. 'jintaiyang'），为蔷薇科杏属植物杏中的一个品种。

一、品种来源

属于国内引种。

二、品种特性

树势中庸，树姿开张，萌芽率中等，成枝力强，中长枝易弯曲。金太阳杏7年生，平均亩产量约为2000千克，平均单果重量大约是66.9克。正常气候条件下6月上旬成熟，采摘期20天左右，它的贮藏期相对于串枝红杏等较为短暂，大约为5天左右，不耐长途运输，易磕碰。果实近圆球形，果顶平，缝合线浅，呈两半部对称。果面光洁，底色金黄，阳面着红晕。果肉黄色，肉质细腻多汁，所含纤维较少，离核。果肉含总糖6.94%，总酸1.32%，维生素C4.84毫克/100克，硒0.00378毫克/千克，钾2376.87毫克/千克。以鲜食为主，加工兼用型品种。

三、适宜种植范围

宁夏南部山区的彭阳县、西吉县,以及原州区东部的黄土丘陵沟壑区适宜种植此杏。

第六节 曹 杏

曹杏(Armeniaca vulgaris Lam. 'cao'),为蔷薇科杏属植物杏中的鲜食品种。

一、品种来源

属于国内引种。

二、品种特性

树势强,树冠较为开张,呈圆头型,结果枝多,短粗。7年生平均亩产量约为1500千克,平均果重约35克,最大果重可达62.5克。一般条件下曹杏于7月中下旬成熟,其采摘期约20天,可贮存7—8天时间。果实呈扁圆形,果顶圆,顶洼中深。缝合线中深,两半部不对称,甜仁,离核。果皮底色为橙黄色,阳面色泽鲜红,果肉橙黄色,近果核处略有一些微黄,皮薄、绒毛少,果肉柔软致密,但所含纤维极少,果肉含总糖9.17%,总酸1.30%,维生素C8.67毫克/100克,硒0.0037毫克/千克,钾3758.51毫克/千克。成熟一致,浆液多,味甜,香气较浓,适鲜食。

三、适宜种植范围

宁夏南部山区的彭阳县、西吉县,以及原州区东部的黄土丘陵沟壑区适宜种植此杏。

第七节 兰州大接杏

兰州大接杏,为蔷薇科杏属植物杏中的耐寒抗旱品种。

一、品种来源

原产于甘肃省兰州市郊。

二、品种特性

该品种是兰州著名的地方品种,适应性较强,丰产性好。树势强健,树姿半开张,耐寒抗旱。成年树株产果约为140~210千克,平均单果重约84克,最大果重可达180克。在兰州一般条件下3月下旬至4月上旬萌芽,4月上中旬盛花,6月下旬果实成熟。果实长卵圆形,果个比较匀称,片肉对称。果皮为黄色,阳面呈红色,有明显的朱砂点;果肉金黄色,肉质绵密,味甜多汁,所含纤维较少。果实可溶性固形物含量达14.5%,常温下可存放5—7天。离核或半离核,甜仁且饱满,单仁重约0.69克,出仁率约为23.8%,甜脆质优。鲜食、制脯、制干和仁用均可。

三、适宜种植范围

适应于西北寒冷、干旱地区成片栽植或庭院栽植。

第八节 库车小白杏

库车小白杏,为蔷薇科杏属植物杏中的优良鲜食品种。

一、品种来源

原产地新疆阿克苏地区库车县。库车小白杏地理标志、地域保护范围为库车县所辖乌恰镇、依西哈拉镇、玉其吾斯塘乡、阿拉哈格镇、齐满镇、哈尼喀塔木乡、墩阔塘镇、牙哈镇、吾尊镇、阿克斯塘乡、塔里木乡、阿格乡的215个村。

二、品种特性

库车小白杏库车栽培杏的历史已有2000多年,现保留下来的优质品种就有20多个,大的宛若鸡蛋,小的形似荔枝,红、白、黄三种白杏基色混交一体。其中以阿克西米西白杏品质最佳，它果肉厚、纤维少、汁液多、甜味浓。美味独特的库车包仁杏干就是用这种白杏加工的。库车小白杏果实呈卵形，果皮光滑无绒毛、浅黄透明，果肉黄中透白，入口绵甜清爽、离核、杏仁甜而耐嚼，甘味悠长，具有成熟早、营养丰富的特点。与其他品种的杏相比，库车小白杏含糖量高、含酸低（可滴定酸小于0.9%）、Vc含量高，是优良的鲜食和加工用品种。它的核仁营养价值极高，据分析，每100克小白杏仁中含脂肪51~55.5克、蛋白质24克、糖9~13.8克、钾169毫克、钙49~111毫克、铁1.2~7毫克、锌4.06毫克、铜4毫克、硒27.06毫克、维生素E26.0毫克、苦杏仁甙88~120毫克等，除维生素B17外，都是人体所需要的营养物质。

三、适宜种植范围

分布在具有"中国白杏之乡"之称的新疆维吾尔自治区阿克苏地区库车县和轮台县。

第九节　叶城黑叶杏

叶城黑叶杏，为蔷薇科杏属植物杏中的优良品种。

一、品种来源

新疆阿克苏地区。

二、品种特性

叶城黑叶杏，由于树叶颜色较深，当地人叫它"黑叶杏"。该杏种一般6月下旬成熟，它的平均单果重约50.4克，果实个大，呈卵圆形，果实橙黄色，阳面具有红晕，光滑无毛。果肉为黄色，肉质松软，汁液较为丰富，肉质松软，可溶性固形物23.0%。离核，核重约为4.6克，杏仁香甜，重约1.2克。其干及脯外形较大，肉质肥厚，酸甜爽口。种仁甜，是制干、制脯、制罐的理想品种，也是仁用和鲜食兼用品种。因为不易落果,所以成熟后如不采收,可在树上自然晒干。它的叶片接近深绿色,与其他杏树叶片颜色所差不多,深藏于其他杏树中不易被察觉。

三、适宜种植范围

新疆阿克苏、喀什、和田地区。

第十节 和田胡安娜杏

和田胡安娜杏,为蔷薇科杏属植物杏中的中晚熟品种。

一、品种来源

属于伊朗—高加索品种群,中晚熟品种较多,有其里干(早熟)胡安娜、阿克胡安娜、看及胡安娜(晚熟胡安娜)、多木巴克胡安娜、苏力坦玉吕克和郭西玉吕克等。

二、品种特性

有胡安娜、阿克胡安娜、卡拉胡安娜、其力甘胡安娜、赛乃克胡安娜、早熟胡安娜、中熟胡安娜、晚熟胡安娜等品种。果形不一致,一般呈长卵圆形,缝合线深,两半对称,果实个比较大,平均单果重约34克。果面光滑,颜色鲜艳,有橙黄、白黄、绿黄、鲜红、紫红等颜色。果肉橙黄色,离核。种仁甜而饱满,出仁率大约为34%。一般情况下,6月底果实成熟,但由于不易落果,成熟后如不及时采收,可在树上自然晒干。该果实肉肥、汁少、高糖,可溶性固形物为20%左右,离核、仁大饱满,出仁率34%,味香甜。丰产且品质上等、适宜鲜食,也是制干制脯的优质品种。

三、适宜种植范围

分布于新疆南疆各地。其主要产区的年平均温度为6~12℃,≥10℃以上的年积温在1000~6500℃,年日照时数为1800~3400

小时，无霜期在100—320天，降雨量为50~1600毫米。说明杏树能在较高纬度、气候寒冷、干旱的地区开花结果；也能在纬度较低，气候温暖、湿润多雨的地区生长结实。具体的差异，根据不同的品种特性，所适宜的区域会有一定的差异。

第十一节 敦煌李广杏

敦煌李广杏，为蔷薇科杏属植物杏中的优良品种。

一、品种来源

敦煌李广杏是毛杏在甘肃敦煌发展而来的一种特产水果，其名称来源于"飞将军"李广的传说。传说西汉时期，镇守边疆的李广从新疆引入杏树，嫁接到敦煌杏树上。得益于当地气候地理条件，该杏品种以味道鲜美可口而闻名。

二、形态特征

李广杏果实圆形，果皮金黄色，色泽黄亮如金，光洁无茸毛，果肉致密金黄，味甜汁多，黏核仁甜，富浓香，可食率90%以上，品质极佳，汁甜似蜜而享有盛名，乃果中珍品。皮薄、果肉厚达8毫米，味美气香，汁蜜沾唇，果实圆形，缝合线浅，不明显，平均单果重≥30克，最大45克，较耐贮运，既可鲜食，又可制干或加工成杏脯等。果肉除鲜食外，可制成罐头、杏干、杏脯、杏酱、杏酒等。杏仁还是制糕点、冷食、糖果的重要原料。李广杏粘核，甜仁，鲜果缝合线浅，果行指数95%以上，含有酸、糖、钙、磷、铁、维生素等物质，营养丰富，含糖量18%以上。6月下旬至7月上旬采收。

三、适宜种植范围

甘肃省敦煌市行政区域内7个乡镇现辖行政区域适宜种植李广杏。

第十二节　龙王帽

龙王帽（Prunus armeniaca），为蔷薇科杏属植物杏中的优良用杏品种。

一、品种来源

原产于北京市门头沟区龙王村。龙王帽，又称大扁、王帽、大扁仁、大王帽。

二、形态特征

树势强健，幼树生长旺盛，成形快，一般嫁接栽培后2—3年可结果，以中短果枝和花束状果枝结果为主。其花期较早，由于雌蕊败育花率较高，自花结实率较低，需配置授粉品种。该果实呈长扁圆形，缝合线深而明显。果面为橙黄色，阳面微有红晕。果肉薄而软，所含纤维多，汁少味酸，不宜鲜食，可制干。单果重约20~25克，离核，核较大，单核重约2.9克，出核率22%，甜仁，仁大香脆，出仁率30%以上，单仁平均重0.83~0.9克，每千克约1170粒，为仁用杏中粒形最大者之一。含蛋白质23%以上，粗脂肪58%以上。该果实一般7月中下旬成熟，丰产性较好，发育期为90天左右。

三、适宜种植范围

河北、北京、天津、山西、辽宁、内蒙古等省市栽培。主产于北京门头沟、怀柔、延庆、房山等区县，河北涿鹿、怀来、涞水等县也有较多栽培。宁夏的彭阳县、西吉县，以及原州区引种成功。

第十三节　白玉扁

白玉扁，为蔷薇科杏属植物杏中的优良品种。

一、品种来源

产于北京门头沟和河北省涿鹿、怀来一带。白玉扁,又名板峪扁、大白扁、臭水扁。

二、形态特征

树势强,具有较强的抗寒能力,在严寒的吉林白城子地区都可以栽培,丰产性一般,是其他仁用杏的最佳授粉品种。单果重18.4克,其果实形状为扁圆形,果皮为黄绿色,成熟后自然开裂,离核。平均干核重2.10克,出核率17.6%,平均干仁重0.77~0.8克,出仁率34.1%,杏仁心形,端正饱满,仁皮黄白色,有纵状条纹,仁肉乳白色,香甜可口。

三、适宜种植范围

杏树对环境条件要求不严格,适应性很强,适宜栽培的范围也很广,北纬23°~53°都有分布。

第十四节 沙金红杏

沙金红杏,为蔷薇科杏属植物杏中的优良鲜食杏品种。

一、品种来源

沙金红杏亦称清徐红杏。因果实艳丽,呈金红色,故得名沙金红。清徐红杏栽培历史约有1200余年。20世纪90年代尚有近200年树龄的老杏树存活。沙金红杏也是享誉三晋名扬海外的珍稀果品,被排为山西三大名杏之首。

二、品种特性

沙金红杏长势强旺,树体高大开张,树形为圆头形或半圆形,成年树一般高5~7米。以实生苗嫁接繁殖,嫁接后4—5年结果,

15年进入盛果期,以中短果枝和花束状短果枝结果为主。一般盛果期大树平均株产200~300千克,单株最高可产500千克。果实较耐贮运,发育期85天,6月下旬成熟,为优良的鲜食、加工兼用杏。沙金红杏果实侧扁圆形,个大形圆,色泽艳丽,外形标致,核小皮薄肉厚,甜酸适口。沙金红杏平均单果重为56.9克,大者可达100克。鲜果营养价值很高,新鲜时所含的胡萝卜素、维生素丙、维生素乙都远远超过苹果。还含有果糖、果酸(含单糖3.2%,多糖11.4%,含酸1.4%,糖酸比8.14∶1)及蛋白质、钙、磷等,鲜食后有助于消化,增加人体钙质和软化血管。沙金红杏的杏仁有甜、苦两种,药用价值很高。

三、适宜种植范围

本品种适应性强,对环境条件要求不严,寿命长,100年生大树仍有相当产量。其产地主要分布于山西省清徐县东于、马峪、清源3个乡镇所属的山区和山前洪积扇地带。

第十五节 张公园杏

张公园杏,为蔷薇科杏属植物杏中的优良鲜食、甜仁品种。

一、品种来源

原产甘肃省天水市。

二、形态特征

张公园杏树势强健,树冠圆头形,树姿半开张,成枝能力强。抗旱、抗寒,极丰产且稳定。果实扁圆形,果顶平,微凹。果皮黄色,带红色霞状,果皮厚难剥离;缝合线浅而宽,果肉不对称。平均单果重80克,最大果重150克;果肉黄色,纤维少,肉质密,汁液较多，味酸甜，品质佳。可溶性固形物12.5%~14.5%。半离核，核圆形，甜仁。果实生长发育期70天左右。

三、适宜种植范围

张公园杏树对环境条件要求不严格，适应性很强，适宜在西北地区栽培。

第二章　嫁接的时期和准备工作

第一节　嫁接时期的选择

一、春季嫁接

杏树春季嫁接以枝接法为主，也能够进行带木质部的芽接。嫁接时期，选择砧木芽将要萌发或者开始萌发的时候进行。春季气温回升，树液流动，根系的水分和养分开始向上输送，这时期嫁接成活率很高。虽然各地的气候条件不一样，或者是山区各地的小气候不一样，只要把握住物候期这个原则就能够使嫁接成功。

嫁接时，要特别注意采用尚未萌发的接穗，一般萌发的接穗嫁接后难以成活。把握住物候期，就能够根据不同地区间气候的差异，选择萌发较迟地区的树木接穗，就增加了接穗供给的区域，延长了嫁接作业时段，有利于进行大面积的嫁接改造。为了提高嫁接成活率，必须将接穗及时冷藏起来，以防止接穗在嫁接前萌发。储藏接穗，既是为了防止接穗在嫁接前萌发，也是为了保证嫁接时已储备了数量充足的接穗。

选择合适的嫁接时期，要以嫁接成活为标准，也要考虑到嫁接成活后的生长情况。砧木展叶以后嫁接，嫁接的成活率也很高，但根系的养分在展叶和开花时已经大量消耗，会造成接穗的生长量降低，不能够充分木质化，不能够安全越冬。因此，嫁接的时期不能过晚。

对于高接换种而言，提早嫁接，就能够提早萌发，使接穗的生长时期长，恢复树冠加快，就能够提早生长和结果。

二、生长期嫁接

杏树生长期嫁接以芽接法为主。也能够采用带木质部芽接法。嫁接时期以春、秋两季最为适宜。

适宜芽接的时期较长，注意要枝条上的芽成熟之后再嫁接。如果芽接早了，芽就会分化不完全，鳞片过薄，表皮角质化不完全，获得的芽片过薄过软，难以进行嫁接操作，嫁接成活率不高。如果嫁接太晚，气温低，砧木和接穗不易离皮，愈伤组织生长缓慢，也对成活率有影响。所以，芽接以在接穗成熟而离皮时操作最好。

带木质部芽接的时期更长，嫁接芽片用 1 年生休眠枝条上的芽。如果 1 年生休眠枝条上前端的芽已经萌发，还可以用枝条上后端没有萌发的芽进行嫁接，这样就能够有效延长嫁接的时期。

第二节 嫁接工具和用品

嫁接前，需要准备好工具和用品，并对所用工具进行检查。刀锯之类要快，刀刃不锋利，操作速度慢，削面不平，会使接穗、砧木接触不好，影响嫁接成活率。要准备好包扎用的塑料条、石蜡、融蜡锅。石蜡用于接穗的蜡封。从嫁接到砧木接穗双方愈合，一般需要半个月时间。在这半个月内，接穗得不到砧木水分和营养物质的供应，却要消耗养分来长出愈伤组织，很容易抽干而影响嫁接成活率。蜡封接穗，就是用石蜡将接穗封闭起来，使接穗表面均匀地分布一层石蜡。蜡封处理后，接穗的水分蒸发会大大减少，但又不影响接穗芽的正常萌发和生长。

蜡封接穗的方法非常简单。将市场中可以买到的工业石蜡切成小块，放入铁锅、铝锅、罐头筒或洗脸盆等容器内，然后加热至熔化。将做接穗用的枝条剪成嫁接所需要的长度，一般10~15厘米长即可，顶端要保留饱满芽。当石蜡温度达到100℃左右时，将接穗的部分在熔化的石蜡中蘸一下后迅速拿出，之后再将另一头的部分也蘸蜡后立即取出，这样可使整个接穗都蒙上一层均匀且比较薄的光亮石蜡层。

蜡封接穗尤其适合于大面积嫁接。当少量嫁接时，多用一些塑料薄膜、多花一些工夫也不影响进度。但是，在需要大量嫁接时，省工省料就显得尤为重要。此外，采用传统的包扎法或土埋法保湿，都很费工，而且常常因包扎和埋土的质量达不到要求而影响嫁接成活率。采取蜡封接穗，不仅嫁接包扎方法简单、易操作，而且容易保证质量，所以嫁接成活率不仅高而且稳定。

第三节　嫁接中愈伤组织形成的条件

嫁接中，正确掌握愈伤组织形成的条件，满足适宜愈伤组织生长的温度、湿度、空气和黑暗条件，对提高嫁接成活率非常重要。

一、合适的温度

杏树嫁接时要选择合适的温度。杏树愈伤组织的形成与温度关系密切。杏树愈伤组织生长的最适宜温度在20℃左右。据资料记载，在0℃度时，愈伤组织形成的能力十分微弱。4℃左右时，愈伤组织形成很慢。在5~10℃度时，愈伤组织生长加快，在10~32℃度条件下，愈伤组织增生迅速，且随温度的升高而加快。32~39℃度生长速度变慢，会引起细胞的损伤。超过40℃度，愈伤组织死亡。从理论上来说愈伤组织在冬季进入休眠期,所以春夏秋都是适合嫁接的,但是夏季温度太高,水分蒸发大,嫁接后要做好防晒保湿措施。春秋的温度最适合嫁接。落叶植株春季嫁接最佳。所以要想增大成活率,了解适宜的温度进行操作是关键,就算是适宜嫁接的季节,气温太低或太高都是不适合嫁接的。生产实践中,一般在春季嫁接时多选在太阳升起两个小时后进行嫁接,这就是考虑到温度原因。

二、适宜的湿度

湿度对嫁接伤口的愈合影响很大。保持适宜的嫁接伤口湿度,是影响嫁接成活的关键。在接口处空气湿度接近饱和的情况下,才能够很快形成愈伤组织。堆土保湿是嫁接中广泛采用的办法。由于堆土法费工费时,高接时无法使用。在嫁接实践中,用塑料条包扎接口,操纵简便,既能够把砧木和接穗绑紧,又能够很好地保持湿度,起到提高嫁接成活率的作用。检查中发现,嫁接失败的一个重要原因,就是砧木和接穗包扎不紧密,接口处透风漏气,即湿度不够造成的。生产实践中,秋季芽接时要避开正午时段,其原因就是由于正午光照强,温度高,蒸发量大,接芽和伤口处容易失水,嫁接成活率不高。

三、需要的空气

空气是植物生长的必备条件。在嫁接中,为保持水分不蒸发,就用蜡封住伤口,这样做,会影响嫁接成活率。嫁接接口并不需要很多的空气量,接口用塑料条包扎,空气并没有被完全隔绝,愈伤组织能够正常愈合生长。

四、保持黑暗

黑暗也是愈伤组织生长的影响因素。能够保持黑暗条件的伤口,愈伤组织生长得多、生长得快;伤口处于光照下,愈伤组织生长得少、生长得慢。

嫁接中，砧木和接穗的愈合面并不在表面。嫁接熟练技术好，结合严密时，砧木和接穗相结合的部位一般都处于黑暗条件之下，不需要人工制造黑暗（如伤口抹泥等）。在芽接时，砧木伤口的外侧和芽片内侧是紧紧贴合在一起的；枝接时，接穗插入或贴合砧木的部分也处于黑暗条件之下。

第三章 接穗的采集和储藏

第一节 接穗的采集

嫁接属于无性繁殖，其主要优点是能保持母本的品种特性。无性繁殖中，如果母本有病虫害，特别是病毒病害，就会通过嫁接传染，造成病毒病害的传播。为了防止病虫害的传播，在选择接穗时，不能选用带有病虫害的枝条，采集用于嫁接的接穗必须选择品种优良纯正、树势健壮、无病虫害的母株（如红梅杏、龙王帽等）或母树林采穗，采集接穗时，要注意要采集枝条的部位，要选择采集树冠外围芽眼发育饱满、生长健康充实的发育枝或枝上的芽作接穗，嫁接后开花结果早。不要采集下部徒长枝或幼树枝条做接穗，由于发育年龄小，嫁接后开花结果晚。不建议采集开花枝做接穗，虽然当年就能够开花结果，但生长较弱。

接穗是嫁接成活的关键因素。如果接穗比较细弱，生活力差，就不能够长出愈伤组织，就影响嫁接的成活。对于春夏季嫁接所用的接穗，应做到随采随用，用不完的接穗应妥善放置于冷凉处，并进行保湿。一般不建议使用长时间储藏的接穗。如果不能够做到随采随用，就需要把接穗储藏好，避免接穗由于储藏不当而丧失了生命力。

第二节　接穗的储藏

一、休眠期接穗的贮藏

接穗处于休眠期，在温度和湿度适宜的条件下，贮藏时间长。可以充分利用冬季修剪剪下的接穗，绑成小捆进行贮藏。接穗在低温下休眠，生活力不会降低。贮藏的方法选择窖藏。地窖的温度调节到0℃左右。利用贮藏白菜、萝卜的地窖，在地窖里开挖成沟，将接穗放入沟里，用湿土或湿沙把接穗埋起来。地窖、埋土或沙子的湿度小，需要把接穗全部埋起来；如果地窖、埋土或沙子的湿度大，只需要埋住接穗的大部分，可以让其上部露出地面。贮藏的另一种方法是沟藏。选择在阴湿的地方挖沟，沟宽约1米，深度约1米，长度按照需要贮藏接穗的数量确定。将接穗散绑成小捆，制作标签注明品种，埋放在沟里，上面用湿土或湿沙把接穗埋起来，每隔1米竖放一小捆树枝或玉米秆，利于通风透气。

休眠期低温保湿贮藏的接穗，到春季气温上升时，接穗芽萌发迟，仍然处于休眠状态，嫁接后成活率高。

二、生长期接穗的贮藏

生长期采集的接穗，尽量做到随采即用。要选择采集无病虫害、生长充实、芽发育饱满的发育枝条。采下枝条后，立即剪掉叶片，只保留一小段叶柄，再用湿布包起来，放入塑料袋中。接穗采集多了，当天用不完，就要把接穗放在阴凉的地窖中，或者把接穗放在竹框竹篮里吊在井中，但不能浸在水中。这种短期贮藏方法，接穗能够保存2—3天。

第四章 杏树嫁接方法

第一节 芽 接

芽接,是从枝上削取一芽,略带或不带木质部,插入砧木上的切口中,并予绑扎,使之密接愈合。

芽接宜选择生长缓慢期进行,因此时形成层细胞还很活跃,接芽的组织也已充实。今年嫁接愈合,明春发芽成苗,非常适宜。嫁接过早,接芽当年萌发,冬季不能木质化,易受冻;嫁接过晚,砧木皮不易剥离。气候条件对嫁接也有影响,形成层和愈伤组织需在一定温度下才能活动,空气湿度接近饱和时对愈合最适宜,在室外嫁接,更要注意天气条件。

一、丁字形芽接

这种接法因砧木切口形状似丁字形而得名,是目前最常用的芽接方法,也是操作最简便、嫁接速度最快和成活率最高的一种方法。这种芽接方法,要求砧木和接穗都要离皮,并且接穗和砧木粗度相当。

砧木切削:选粗度0.6~2.5厘米的砧木,在距离地面5~6厘米处选光滑部位横切一刀，再在横切口中央向下纵切一刀，长度均为1~2厘米，深达木质部，使两切口呈一丁字形。

接穗切削：在接穗上选一饱满芽，先在芽上方0.5厘米处横切一刀，深达木质部，切口长0.8厘米，再在芽下1.5厘米处向上斜削一刀，刀要切入木质部，一直削至与第一刀切口相遇，取下不带木质部的芽片。

接合：用芽接刀刀柄的硬片轻轻拨开砧木皮层，将芽片放入丁形切口，并向下推移，使芽片横切口与砧木横切口对齐、对严即可。

绑缚：用1~1.5厘米宽、20厘米长的塑料条捆扎，将切口缠严，系活扣，注意露出叶柄和芽眼。但为了防止雨水进入，如桃、李、杏等，操作中采取不露芽绑缚，成活率较高。

二、带木质部丁字形芽接

带木质部丁字形芽接的时期更长，春季能够和枝接法同时进行，即嫁接芽片用1年生休眠枝条上的芽。也能够比春季枝接法晚一点进行。如果1年生休眠枝条上前端的芽已经萌发，还可以用枝条上后端没有萌发的芽进行嫁接，这样就能够有效延长嫁接的时期。

砧木切削：选粗度较细的砧木，在距离地面4~6厘米处选光滑部位横切一刀，再在横切口中央向下纵切一刀，长度均为1~2厘米，深达木质部，使两切口呈一丁字形。

接穗切削：在接穗上选一饱满芽，先在芽上方0.5厘米处横切一刀，宽度为接穗粗度的1/3，深达木质部0.2~0.4厘米处，略带木质部，取下带木质部的芽片。接芽上所带木质要薄、要平整。

接合：将芽片放入砧木切口中，使接穗和砧木的切口部位贴合在一起，然后对齐、对严。

包扎：插入接穗后，露出芽和叶柄，用塑料条紧密绑缚。

三、方块芽接

嫁接时所取芽片为方块形，砧木上也相应地切去一片方块形树皮，故称方块芽接。方块接芽不能带木质部并且要露出叶柄和芽，一定要在形成层活跃的生长期进行。

这种方法操作比较复杂，一般能用T字形芽接的，不必用此法。但是方块芽接的芽片较大，与砧木的接触面大，对于一般芽接不易成活的树种，如核桃和柿等比较适宜。同时嫁接后芽容易萌发。

砧木切削：嫁接前先量好砧木和接穗切口的长度，用刀刻上记号。在砧木平滑处上、下、左、右各切一刀，也可用双刀切割深至木质部，再用刀尖挑去方块形的砧木皮。

接穗切削：接穗切削和砧木切削相同在所选择的芽的左、右、上、下各切刀取出长方形芽片。

接合：手拿叶柄，将方块形芽片放入砧木切口中，尽量使芽片上、下、左、右与砧木切口正好闭合。如果接穗芽片大，而放不进去，则必须将其修削小点使接穗大小合适。在砧木方块切口的四周，可产生的愈伤组织数量比较大，一般10天之内可将砧木与接穗之间的空隙填满。所以，在嫁接时双方之间有点空隙没有关系。如果芽片小一些，放入时最好使上边对齐，下边可空一些，因为，在接口以上砧木留叶的情况下，伤口上部愈伤组织比伤口下部愈伤组织生长快。

需要注意的是不能把它硬塞进去，因为接穗芽片损坏后，一般不能成活。同时接穗放入后不要来回移动，以免搓伤形成层细胞。

在进行方块芽接时，伤口面有一段时间暴露，千万不要将伤口弄脏，因为愈伤组织需要从伤口面生长出来。

包扎：用宽1~1.5厘米、长20~30厘米的塑料条将伤口捆起来，露出芽和叶柄。

第二节 枝　接

枝接是用母树枝条的一段（枝上须有 1~3 个芽），基部削成与砧木切口易于密接的削面，然后插入砧木的切口中，注意砧穗形成层对齐吻合，并绑缚覆土，使之结合成活为新植株。

枝接一般在树木萌发的早春进行，因此时砧木和接穗组织充实，温度和湿度也有利于形成层的旺盛分裂。枝接的关键是接穗与砧木在形成层紧密结合。

一、腹接

是植物枝接的方法之一。腹接适用于砧木比较细的树木以及针叶类树木。

嫁接时，砧木的枝干并不切断，而在其上适当部位斜切一刀，将下部削成楔形的接穗插入并缚紧。树冠更新枝条和补充缺枝时常采用此法。

砧木切削：在砧木侧面斜切一刀，切入到砧木直径 1/3 处，长度在 2~3 厘米。

接穗切削：将接穗一面切成 2~3 厘米的斜面。将接穗对侧切一短斜面，长度在 1 厘米左右（见图 4-1）。接穗侧面形状与切接接穗侧面形状是一致的。

接合：将接穗对准砧木形成层插入其中。看不清形成层时，要使接穗一边的外皮和砧木的外皮对齐。

包扎：用塑料薄膜或保鲜膜将接穗与砧木的接口包扎好。

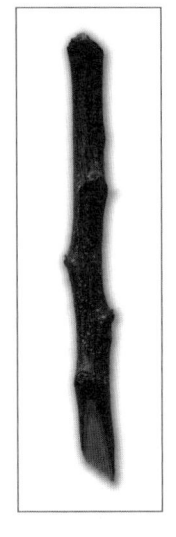 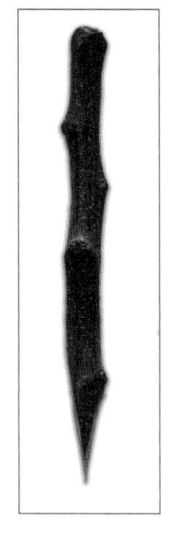 

接穗切削（正面）　　接穗切削(侧面)　　　　　　嫁接示意

图 4-1　腹接

二、插皮接（皮下接）

这种嫁接方法是将接穗插入砧木的树皮中，故叫"插皮接"。它适合于春季枝接，嫁接时期应安排在砧木芽萌动后能离皮时嫁接，并要求砧木明显比接穗粗。插皮接易掌握，速度快，成活率高。但嫁接成活后易被风吹断，因而要及时绑缚支撑。

砧木切削：选光滑无节疤处将砧木剪断或锯断，并削平切面边缘，以利嫁接愈合。

接穗切削：在接穗下端削一长 3~5 厘米的长削面，对面削一短削面，使下端成一楔形，留 2~4 芽剪断接穗，顶芽留在长削面的对面（见图 4-2）。砧木的粗度决定接穗楔形的尖削程度，一般砧木较粗时，楔形面越长，尖度越大，以免接穗插入砧木后引起皮层与木质间的过大分离和绑扎不严。

接合：在砧木切口边缘选一皮层光滑处划一个 2~3 厘米长的纵切口，深达木质部，将树皮向两边轻轻挑起，把接穗对准皮层

理论篇

切口中央，长削面对着木质部，小削面朝外（韧皮部），在砧木皮层与木质部之间插入，露白0.5厘米左右，以利于愈合。每个砧木插接穗数依砧木粗度而定，粗的多接，细的少接（见图4-2）。

包扎：用塑料带绑扎，并涂接蜡保湿，或用塑料袋将芽以外的部分全部封闭起来（见图4-2）。由于这种嫁接方法接穗削面

接穗切削（正面）

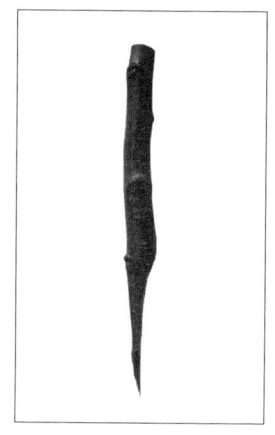

接穗切削（侧面）

嫁接示意

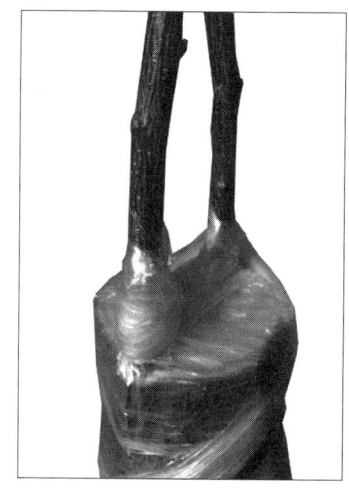

塑料带包扎

图4-2 插皮接

平整,且砧木只有一边的皮层有剥离,所以,砧木切面容易愈合,树体恢复迅速,有利于成活。嫁接苗长势也旺。

三、劈接

砧木上劈个小口将接穗插入劈口中故称劈接。劈接是春季进行枝接的一种古老而又主要的方法。由于不必要在砧木离皮时嫁接,因而嫁接时期可以提早。劈接时砧木接口紧夹接穗,所以嫁接成活后接穗不容易被风吹断。

劈接用的砧木以中等粗度为宜,砧木过粗不易劈开,且劈口夹力太大,易将接穗夹坏,如果砧木过细,则接口夹不紧,接穗也不利于成活。

砧木切削:将砧木在树皮通直无节疤处锯断,用力削平伤口。然后在砧木中间,用木槌或木棍将劈刀慢慢往下敲,以形成劈口(见图4-3)。对于嫩枝劈接只需用芽接刀从枝条中间劈口。

接穗切削:接穗宜先蜡封留2~3个芽。在它的下部相对各削

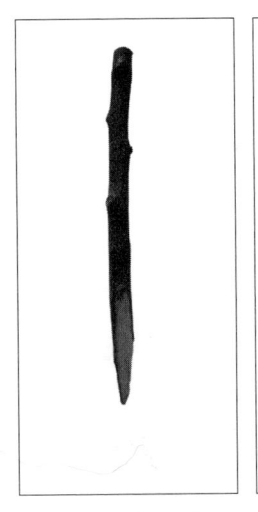
接穗切削(正面)

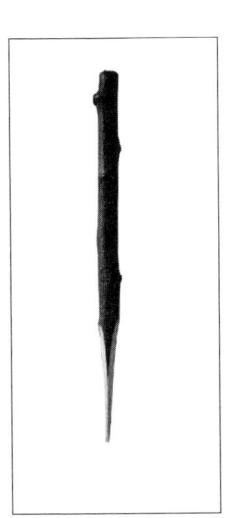
接穗切削(侧面)

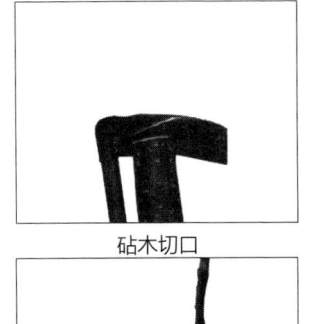
砧木切口

嫁接示意

图4-3 劈接

一刀，形成楔形。如果砧木较细，切削接穗时，则应使其外侧稍厚于内侧。接穗楔形伤口的外侧，和砧木形成层相接内侧不接。如果砧木较粗，则要求楔形左右两边一样厚，以免由于夹力太大而夹伤外侧的接合面。嫩枝劈接要求接穗和砧木粗度相等，以使左右两边都相接。接穗削面长度般为4~5厘米。削面要长而平，角度要合适，使接口处砧木上下都能和接穗接合（见图4-3）。

接合：用铁钎子或螺丝刀将砧木劈口撬开，有的劈接刀在刀背上有个铁钩，是作为铁钎用的，可用它将劈口撬开。然后把接穗插入劈口的一边。这时的关键是要使双方的形成层对准，最好使接穗左右两边外侧的形成层，都能和砧木劈口两边的形成层对准。如果不能两边对准，则一边对准，一边靠外对着砧木韧皮部也可。嫩枝劈接则要求接穗和砧木一样粗，使接穗和砧木前后左右四边的形成层都基本相接。接合时不要把接穗的伤口部都插入劈口，而要露白0.5厘米以上，有利于伤口愈合。如果把接穗伤口全部插入劈口，那么一方面上下形成层对不准，另一方面愈合面在锯口下部形成一个疙瘩，而造成后期愈合不良影响寿命。

包扎：对中等或较细的砧木，在其劈口插个接穗，用宽为砧木直径1.5倍、长40~50厘米的塑料条进行包扎。

要将劈口、伤口及露白处全部包严并捆紧。如果砧木切口较粗，则可分别在劈口两边插2个接穗，插后先抹泥将劈口封堵住，然后套塑料袋并扎紧。接穗芽萌发后先在袋上剪个小口通气，待芽长成后再除去塑料袋。对于嫩枝劈接，劈接后用1.5厘米宽的塑料条将接口捆严扎紧，再将接穗封起来，只露出叶柄和芽，以减少接穗水分蒸发。为了把接穗顶端封严，也可以从上而下包扎接穗和捆绑接口。

对于常绿树可用嫩枝劈接，一般接在砧木的嫩梢上，接穗可带叶片或带部分叶片接后用塑料口袋套上，成活后再打开。

四、切接

适用于较小的砧木。接穗选择向阳的,节间短的,发育充实的一年生枝条。

砧木切削:选用1~2厘米粗细的幼苗。将砧木从距离地面5~8厘米处剪断,并将砧木修剪平整,再按接穗的粗度,在砧木比较平滑的一侧,用切接刀略带木质部垂直下切,切面长2.5厘米左右。

接穗切削:接穗长5~10厘米,带有两个以上的叶芽。然后用切接刀在接穗的基部没有芽的一面起刀,削成一个长2.5厘米左右平滑的长斜面,一般不要削去髓部,稍带木质部较好。另一面削成长不足1厘米的短斜面,使接穗下端呈扁楔形。

结合:将削好的接穗长的削面向里插入砧木切口中,并将两侧的形成层对齐,接穗削面上端要露出0.2厘米左右,即"露白",以利于砧木与接穗的愈合生长(见图4-4)。

包扎:接好后用宽0.5厘米的塑料带将接口绑扎,并涂以接蜡,以防干燥。绑扎时,不要移动砧穗形成层对准的位置,松紧要适度,既不要损伤组织,又要牢固(见图4-4)。

嫁接示意

塑料带包扎

图4-4 切接

五、舌接法

一般适用于园林树种砧木粗 1 厘米左右并且砧木与接穗的粗度大体相同的嫁接。

砧木切削：砧木上削成 3 厘米左右长的斜面，削面由上向下 1/3 处，顺着砧干往下劈，劈口长约 1 厘米，和接穗的斜面部位相对应，这样才能使两者相互交叉、紧密结合。

接穗切削：在接穗下端芽的背面削成 3 厘米左右长的斜面，然后在削面由下往上 1/3 处顺着接穗向上劈，劈口长约 1 厘米，成舌状。

接合：将接穗的劈口插入砧木的劈口中，使接穗和砧木的舌状部位交叉起来，然后对准形成层，向内插紧。如果砧木和接穗粗度不一样，要在砧穗插合时使两者一边形成层对准、密接为宜。

包扎：插接穗后，绑缚、抹泥或涂接蜡、埋土（见图 4-5）。

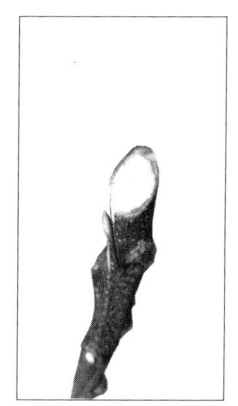  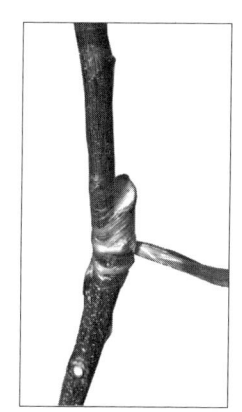

砧木切削　　　　　嫁接示意　　　　　塑料带包扎

图 4-5

六、插皮舌接

是在插皮接基础上改进而来。是接穗木质部舌状插入砧木树皮中，因此称"插皮舌接"。嫁接适宜时期为砧木与接穗容易离皮时。

砧木切削：在砧木需嫁接部位剪断，再在砧木树皮光滑的一侧刮去长约 5~6 厘米比接穗稍宽的一层表皮。

接穗切削：将接穗削成长约 4~5 厘米的舌状大削面（见图 4-6）。

接合：用手捏开舌状部分的皮层，使其与木质部分离。然后将接穗的舌状木质部部分插入砧木的皮层与木质部之间，接穗的皮层敷于砧木外表面的削面上，并露白 0.5 厘米左右。

包扎：最后用塑料条包紧包严。

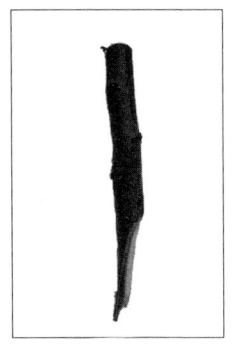 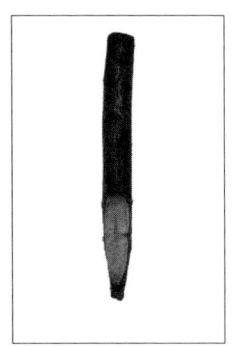

图 4-6

七、合接

是春季枝接的方法之一。常用于砧木较小，也用于砧木与接穗粗度相同时的嫁接。它的嫁接时期能够提早，切削方法比较简单，成活率高，接口愈合牢固，接穗成活后不易被风吹断。

砧木切削：将接穗下部和砧木上端分别削成 45° 的斜面，斜面长 4~5 厘米，两斜面均须光滑，然后将两斜面特别是形成层对准。

接穗切削：接穗上留 2~3 个芽，削成 45° 的斜面，斜面长 4~5 厘米，使接合面的宽度和砧木斜面相同（见图 4-7）。

结合：将砧木与接穗的切面贴在一起（见图 4-7）。如果砧木与接穗同样粗细，则不需要露白。如果砧木较粗，接穗较细，接穗需露白 0.5 厘米左右。

包扎：用宽度 3~4 厘米，长度 30~40 厘米的塑料条，将伤口缚紧严。

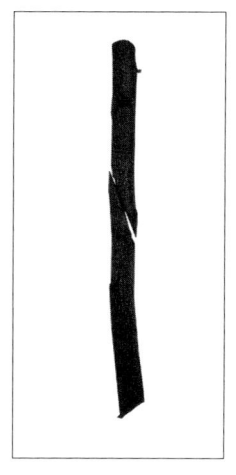

砧木和接穗切削　　　　嫁接示意

图 4-7

第三节　果树高接的作用

一、杏树高接的作用

高接是生产中为了更换品种，在已成年的果树上换接不同品种，以代替原有品种的称为高接换种。利用野生果树砧木资源为就地嫁接栽培品种；补救授粉不良而在大树上嫁接授粉品种等。为防止结合部干燥、病虫侵染，对大切口需要加塑料薄膜、湿土包裹或涂布接蜡。

1. 提高杏树的抗旱性

在干旱少雨的地区，树木生长不易，采取杏树高接技术，能够利用杏树发达的根系有效吸收水分和养分，提高嫁接杏树的抗旱性。

2. 提早结果，提早丰产

杏树高接换头后，新生枝条第二年或第三年就能够挂果，从而达到提早结果，提早丰产的目的，对增加种植户的经济收入具有重要作用。

3. 减轻病害发生

高接时，去除了树冠，也去除了寄生在树冠上的病菌和虫害，能够减轻学杏树病害虫害的发生，起到了防治病虫害的作用。

4. 减轻灾害损失

可以应用于树木受到各类灾害的善后处理。如冻害、风害损失大枝的修缮，弥补树冠的残缺，尽快降低灾害对树木造成的损失。

5. 充分利用野生果树砧木资源

对没有开发利用的当地野生果树砧木资源，采取高接换种，为就地嫁接栽培品种提供了便利。山杏就能够嫁接鲜食杏、仁用杏和李子。

二、杏树高接要点

在高接之前，要确定嫁接换头杏树砧木的生长情况，以选择合适的嫁接方法，在适宜的时间内实施嫁接。

第一，选准嫁接时段。嫁接换种时间高接换种时期以春秋两季嫁接为宜。春季高接时期以2月下旬至3月上中旬为宜，秋季高接在9月下旬至10月下旬进行。

第二，选好砧木和接穗。砧木和接穗选择进行高接换种的果树要求树龄在30龄以下、立地条件好、根系发达、生长健壮。接穗应选择适合宁夏栽培生产的优良杏树品种。

第三，选对嫁接方法。一般春季嫁接较早，砧木不离皮时用劈接法嫁接；嫁接较晚，砧木能离皮时用插皮法嫁接。秋季用腹接法。

三、主要操作技术

1. 高接前的准备工作

高接换种要对中间砧进行修剪处理，通过清砧达到整形的目的；对于成年大树在高接之前，必须进行抽槽断根改土，使地上部分与地下部保持平衡。

2. 接穗把关

要确保接穗无传染性病虫害，选择的采穗母本树必须是不带任何病毒的优良品种，其树势健壮、无传染性病虫害。

3. 高接方式

秋季高接用腹接法：在砧木的侧腹部斜削一刀，深 2~3 厘米，然后在接穗芽的背面中部向下斜削成 2~3 厘米的光滑平面，稍带木质部，削面的对侧下端削 1 厘米左右的斜面。再在接芽上端保留 1~2 个饱满芽处剪断，并将削好的接穗插入砧木的开口处，对准砧木一边形成层，用嫁接膜缚紧。春季高接用切接：先剪去砧木的上部，留长 4~5 厘米的短桩，再在断面较平滑一面的木质部靠近树皮处垂直削下长 2~3 个完整的芽处剪断。砧木和接穗好削好后，把接穗插入砧木的切口中，长削面向内，使两削面形成层密切贴合，最后再用嫁接膜包严即可。

4. 检查成活率

（1）春季嫁接 30 天左右检查成活率，秋季嫁接 20 天左右检查成活率。成活者接芽新鲜、芽眼饱满、接穗和砧木相互愈合，唯叶柄变黄、发霉，一触即落。未活者，接芽发黄、干枯或霉烂，应及时补接。

（2）解膜的时期与方法。春季切接的在春梢老熟后用刀剔断砧穗接合露白处上面的一条膜带，待夏梢老熟后去膜；秋季腹接的在接后 30 天左右戳孔露芽，等新梢老熟后去膜。

（3）及时除萌、摘心并扶正新梢。高接芽成活后及时抹除接芽附近的中间砧萌芽，接芽抽梢 15~20 厘米或 6~8 片叶时摘心，设支柱倒"8"字形绑缚，并扶正新梢生长方向。

（4）肥水管理。高接后树盘应灌水并配合施用氮肥。剪砧前施足催芽肥，以后每摘一次心就及时追施一次催芽壮梢肥，待长出 2~3 级梢后多施农家有机肥和磷钾肥。

（5）预防日灼及防治病虫害。入夏前要对大枝、树干的向阳面及时涂白以减少日灼的发生，涂白剂可用生石灰 5 千克、食盐 0.5 千克、水 15 千克配制而成。高换树新梢易发生病虫危害，应加强病虫害的防治，尽可能恢复树势、树冠和根系生长，为提早结果奠定基础。

第四节　根　接

生产上苗木繁殖一般需要 2 年时间才能育出成苗，即一年育砧木，一年育嫁接苗。而根接法只需 1 年时间就可育出成苗，繁殖速度加快，并且嫁接苗成活率高、长势旺。

一、嫁接前准备

收集嫁接未成活苗、根蘖苗、野生砧木等的根作砧木，选择冬剪下来的水分充足、芽眼饱满、无病虫害的 1—2 年生枝条做接穗。嫁接前，选直径为 0.1~0.3 厘米的根剪成 10 厘米的小段，接穗剪成 8 厘米左右的小段，每段上要带 2~3 个饱满芽。

二、嫁接

根接一般在 1 月到 3 月中旬进行。根接主要采取劈接法，也可以采取切接、腹接和舌接法。

1. 劈接法

将根段上端剪平，在断面中心垂直劈深 3~5 厘米的口，接穗下部削成两面一致的楔形，削面长 2.5~4 厘米，削面两侧要一边厚一边薄，将接穗厚的一边靠砧木劈口的一侧插入，使两者形成层紧密接合后用塑料条捆扎。

2. 切接法

在砧木一侧的木质部与皮层间，稍带一部分木质部垂直切下，切口深 3~4 厘米，接穗下部一侧削成 2~3 厘米长的斜面，另一侧削成长 1 厘米的斜面。将接穗直插入砧木切口中，斜面长的一面向里，使两者形成层互相密接后用塑料条绑扎。如果接穗较细，砧木和接穗间应至少有一侧的形成层紧密接合。

3. 腹接法

将接穗下端削成不对称的楔形，在砧木上向下斜切约 30 度的切口，切口长度与接穗削口长度相等。将接穗斜面长的一侧向内，插入砧木切口中，形成层对齐，然后用塑料条绑紧。

4. 舌接法

接穗和砧木都削成斜面，再从斜面的 1/3 处垂直下切 2~3 厘米深，使砧木和接穗的斜面形成舌状，将舌状部分互相接合后用塑料条绑缚。根较细、接穗较粗时可采用倒接法，即根和接穗的削法全部颠倒，将根插入接穗内。

第五章　嫁接后的管理

杏树嫁接后要加强管理，才能提高嫁接成活率，达到优质丰产的目的。如果疏于管理，或者管理不善，都会影响嫁接苗的成活，严重时会毁坏砧木，造成损失。

第一节　检查嫁接成活

嫁接之后，要及时检查接穗成活情况。嫁接过程中接穗的质量，嫁接的技术，自然灾害等因素，都会影响嫁接成活率。对没有嫁接成活的树木，需要进行补接。

枝接成活接穗发芽生长后15—30天，选取保留1个生长健壮的新梢，其余的剪掉，起到集中养分促进苗木生长的作用。

芽接苗嫁接后一般10—15天检查接芽是否成活。检查成活、解绑的同时将砧木从接芽上3～5厘米处剪断。待接芽萌发生长时，从接芽上方0.5厘米左右处剪去砧木。

嫁接失败的接穗，要适时补接。

春季嫁接未成活的，可于芽体成熟后及时进行芽接(带木质部芽接)。生长季进行芽接后，10天左右检查成活情况。如果芽片新鲜，叶柄一触即落，说明生长状况良好，已嫁接成活。如果芽片萎缩变黑，或叶柄触而不落，说明没有成活，需要及时补接。

秋季嫁接未成活的待翌春补接。

在生产实践中，嫁接成活后，经常发生金龟子、象、杏疗病等病虫危害，或者日灼、大风、低温冻害等自然灾害，造成嫁接失败的情况。因此，要随时检查接穗的生长情况。对由于遭受病虫害等原因，致使嫁接失败的杏树，也需要及时进行补接。

第二节 抹芽除萌解绑

杏树嫁接成活后，要注意及早抹芽、除萌，解松、解除捆绑接穗的塑料条，以提高嫁接成活率。

杏树的萌芽力强。杏树砧木上的主芽、侧芽、隐芽和不定芽，能够不断萌发出来。有的还会从树根部生长出萌蘖。砧木上长出许多萌蘖，会消耗大量的养分，应该及时除去萌蘖。抹芽、除萌，愈早愈小，消耗养分愈少。反之，消耗养分愈多。

由于接芽要产生愈伤组织，一般萌芽较砧木迟，砧木萌发早。接穗发芽成活后，砧木上不断长出萌蘖。萌蘖生长比接芽生长快，常消耗大量水分、养分，影响接穗成活，因而在嫁接后要及时进行抹芽，以利萌芽顺利萌发生长。除萌1次是不行的，要随时除去萌蘖，当年应除萌4~5次。等到接穗生长旺盛后，萌蘖才会停止生长。

对嫁接失败的杏树，需要留下2~3个萌芽，长成枝条后，等到秋季进行芽接，或者在第二年春季进行枝接。如果不留萌蘖，砧木上没有枝叶生长，就不能产生光合作用，会造成砧木死亡。

大树高接时，为保持足够的叶面积，需要在树体中下部留少量萌蘖。但留的萌蘖，不能在接穗附近。留下的萌蘖，要用摘心等方法控制生长量,减少萌蘖对接穗生长的影响。

为防止树体中下部位即内膛空虚,可以在树体中下部留少量萌蘖,在秋季进行芽接,也可以在第二年春季进行枝接。

在抹芽除萌的同时,要适时解松、解除捆绑接穗的塑料条。

杏树嫁接,多使用塑料条进行捆绑。塑料条不易腐烂,会影响接穗和砧木的生长。当枝接苗接穗长到30厘米以上时,基部加粗明显,此时要赶快松绑塑料条,过迟则易被勒成"细腰"而折断。注意塑料条松绑后要按原方向缠好,切不可一次性去掉塑料条而造成"掰芽",避免因接口生长结合不牢固而发生接苗折断情况。在2—3个月后,可以解除绑扎的塑料条,保证嫁接枝条健壮生长。

芽接苗嫁接成活的接芽一般15—30天即可解绑条。

第三节　立柱固定防风

嫁接新梢绑立支柱工作非常重要。西北地区风大,为防止风害,就要立支柱,固定接穗新长出的枝梢。有时嫁接成活率很高,但是嫁接保存率不高,主要原因就是嫁接新梢被风吹折。

杏树砧木根系发达,吸收的养分和水分充足,接穗的新梢生长很快。

嫁接成活后,一般砧木和接穗结合的不够牢固,容易被风吹折。这时,需要及时树立支柱。

当接穗长到30厘米时,及时用40~50厘米的小木棍绑扶,以防夏季风大吹折接穗,发生劈裂。绑扶时,先将小木棍与原砧木分2~3处固定,再将小木棍与接穗枝分2~3处绑扶。捆绑要适宜,不能太松或太紧。捆绑太松起不到固定作用,捆绑太紧会勒伤枝条。绑立柱固定新梢的工作,要进行2~3次,绑扶工作要分期跟上。支柱要适当地留长些，随着接穗生长，要相应增加捆绑的道数，将枝条牢牢地固定在立柱上。

砧木与接穗的结合牢固程度，与嫁接方法密切相关。采用插皮接、插皮舌接等嫁接方法，嫁接成活后，砧木与接穗的结合较弱，容易被风吹折；采用劈接、切接和合接等嫁接方法，接穗与砧木之间的结合比较牢固，不容易被风吹折。因此，在嫁接时，要考虑选择接穗不容易被风吹折的嫁接方法，预防风害，提高嫁接保存率。

第四节 新梢摘心修剪

杏树嫁接苗的修剪，从新梢摘心开始，在生长期适量疏枝，冬季进行整形修剪。

一般杏树在生长很快的主梢上不会形成花芽，在生长缓慢、细弱的副梢上容易形成花芽。摘心可以控制生长过快、过高，促进下部副梢的形成和生长，并使嫁接树提前结果，在接后第二年就有一定的产量。高接换种时，接口较高，如果不断向上生长，就会引起结果部位的位移，内膛形不成结果枝，不能形成立体结果，杏树就会结果少，达不到高产、稳产的目标。

新梢摘心。嫁接成活后，接穗新梢长到 50~60 厘米时，要及时摘心，摘心次数 2~3 次。5 月底至 6 月上旬进行第一次摘心，将 40 厘米以下的侧枝剪除，选留 3~4 条位置合适的侧枝作为主枝培养，以促进枝条粗壮，芽体饱满。在一个砧木上两根接穗都成活，长势较旺的，每一根萌发的接穗上只选两个侧枝，其余全部剪除。如果砧木小，接穗生长较弱，只选一根生长较好的接穗，一根要剪除。8 月上旬进行第二次摘心，剪除过密的发育枝，促使枝条木质化。

适量疏枝。嫁接枝生长迅速，通过绑扶不能从根本解决问题时可适量疏枝，以减少嫁接枝基部负载强度。

疏枝对象为密生枝、背上枝、竞争枝、重叠枝，注意疏枝量不能超过嫁接枝总量的30%。

整形修剪。杏树嫁接苗整形修剪以冬季修剪为主，此时修剪对嫁接苗造成的影响较小。嫁接苗生长期修剪，只需要及时剪去病枝、枯枝就行。

冬季修剪时间应在11月中旬杏树休眠期进行。这时修剪的任务是整形，力求扩大树冠。因此，以短截为主，适当疏除过密的位置，剪去不适合的发育枝。

第五节　防治病虫危害

春季嫁接后新梢幼嫩，易受病虫的危害。杏树主要病虫害可采取综合措施防治。

入冬到杏树发芽前，清除树下和周围的枯枝落叶，剪除病枝，刮除老树皮，集中销毁，清除掉越冬的病虫源，减少病虫基数。

金龟子、亥象等很多害虫喜食幼叶，能把新萌发的嫩叶和茎尖吃光，使嫁接失败。萌芽前后要重点防治金龟子、亥象、卷叶虫等食叶类害虫，选用"功夫""灭扫利"等广谱性杀虫剂。

开花前用5波美度石硫合剂喷枝干，防治杏疮痂病、黑斑病、球坚蚧和其他越冬虫卵。发芽前即花芽膨大期喷药，可用"啶虫脒""吡虫啉"等内吸性杀虫剂防治蚜虫。发芽后使用"吡虫啉"4000~5000倍液并加兑氯氰菊酯2000~3000倍液杀灭蚜虫。杏树坐果后，重点防治桃小食心虫，杏褐腐病、疮痂病、杏果实斑点病等病虫害，这些病虫害会使果实畸形、烂果、落果、果面龟裂、果表产生褐色木栓化斑点。

夏季高温干旱天气要密切注意红蜘蛛发生情况，达到防治指标时尽快喷药。防治时选用"扫螨净""阿维菌素"为主的杀虫剂。

病害在嫁接当年相对发生较轻，但后期多雨季节要重视早期落叶病的防治，特别是斑点落叶病，可选用"扑海因""多抗霉素"交替喷雾，以防早期落叶。

野兔也是宁夏重要的林业有害生物之一，对杏树幼苗危害严重。杏园缺苗时补栽的小苗，冬、春季节要注意防兔害。简易防治办法是用长度50厘米左右的3～4个向日葵秆或树枝等，将树苗围护在中间，用绳索或胶带绑严扎紧，待夏季野兔不再危害时解除绑缚树枝即可。

第六节 加强土肥水管理

杏树根系发达、主根强大，能吸收深层土壤水分，抗旱性较其他果树强。但树木生长会消耗土壤中的养分和水分，需要加强土肥水管理。

加强土壤管理。土壤封冻前，耕翻树盘。采果后，结合雨季到来时，中耕土地，疏松土壤。

及时施肥和灌水。嫁接后的杏树生长旺盛，需要供应充足的水分和养分。如果土壤湿度不足会影响嫁接的成活率。在枝条旺盛生长期和果实膨大期，如果土壤水分、养分不足，也会削弱杏树的生长势，影响花芽分化和当年的产量。因此，杏园应施足底肥，适时追肥。

底肥以有机肥为主，适当加入速效氮肥，施肥时间以果实采收后至落叶前施入为佳。

追肥在幼树枝条速长期进行，能够促进枝叶的生长，扩大根系，使植株增高长粗；盛果树在萌芽前和膨果期追施速效氮肥，适量配合施用磷、钾肥；采果后，以追施磷、钾肥为主，少量配合施用氮肥。

有条件的地方要进行灌水，促进嫁接杏树的生长。灌水也是防止晚霜危害的有效方法。

嫁接后15天之内，不宜灌水，否则易出现流胶，而影响接穗成活。

灌水时，可以与追肥同时进行。既可以减少人力、物力的投入，又可以更好地给杏树及时补充水分和养分，避免因施肥不当造成不必要的损失。

遇到雨量多的年份，要注意杏园排水防涝。如果杏园土壤水分过多，或空气湿度太大，会使枝条旺长，病虫蔓延。在低洼湿地，如果地面积水太久，轻者叶片变黄，提早脱落；重者根部腐烂，全株死亡。

干旱地区要在雨季积蓄雨水。在道路排水渠，果园排水渠等有雨水流经的地方修蓄水窖，为杏树叶面喷肥、除虫喷药等提供水源。

第六章　杏树病虫害防治措施

第一节　桃小食心虫

桃小食心虫，也叫桃蛀果蛾，简称桃小。

一、成虫形态特征

雌虫体长7~8毫米，翅展16~18毫米；雄虫体长5~6毫米，翅展13~15毫米，全体白灰至灰褐色，复眼红褐色。雌虫唇须较长向前直伸；雄虫唇须较短并向上翘。前翅中部近前缘处有近似三角形蓝灰色大斑，近基部和中部有7~8簇黄褐或蓝褐斜立的鳞片。后翅灰色，缘毛长，浅灰色。翅缰雄1根，雌2根。

卵形态特征：椭圆形或桶形，初产卵橙红色，渐变深红色，近孵卵顶部显现幼虫黑色头壳，呈黑点状。卵顶部环生2~3圈Y状刺毛，卵壳表面具不规则多角形网状刻纹。

幼虫形态特征：幼虫体长13~16毫米，桃红色，腹部色淡，无臀栉，头黄褐色，前胸盾黄褐至深褐色，臀板黄褐或粉红。前胸K毛群只2根刚毛。腹足趾钩单序环10~24个，臀足趾钩9~14个，无臀栉。

蛹形态特征：蛹长6.5~8.6毫米，刚化蛹黄白色，近羽化时灰黑色，翅、足和触角端部游离，蛹壁光滑无刺。茧分冬、夏两型。冬茧扁圆形，直径6毫米，长2~3毫米，茧丝紧密，包被老龄休眠幼虫；夏茧长纺锤形，长7.8~13毫米，茧丝松散，包被蛹体，一端有羽化孔。两种茧外表粘着土砂粒。

二、生活史

其广泛分布于我国北方果区。在苹果区1年发生1~2代。以老熟幼虫在土中做扁圆形茧越冬。越冬茧一般多集中于树冠下距树干1米范围内的土中，且以树干基部背阴面数量较多。如果园中土块和石块多，杂草丛生或间作其它作物，脱果幼虫即就地入土，结茧越冬。越冬深度一般在13厘米以内，3厘米深左右的土中占一半以上。在北方大部分地区，越冬幼虫于翌年5月上、中旬开始出土，5月下旬至6月上旬为出土盛期。幼虫多由果胴部蛀入，蛀孔流出泪珠状果胶，俗称"淌眼泪"，干涸呈白色蜡质粉末，蛀孔愈合成一小黑点略凹陷。幼虫入果常直达果心，并在果肉中乱串，排粪便于隧道中，俗称"豆沙馅"，没有充分膨大的幼果受害多成畸形。被害果品质降低，有的脱落，严重者不能食用，失去经济价值。

三、防治时期

桃小食心虫在宁夏回族自治区等地，1年通常防治2次，防治越冬代成虫最为重要。主要采用喷雾防治。

第一次是以防治越冬代的成虫为主，6月初左右开始防治，7月初左右结束。

第二次是以防治第1代的成虫为主，7月初左右开始防治，8月初左右结束。

四、主要防治措施

1. 幼虫的防治措施

一是在越冬幼虫出土前，在树冠下培土6~10厘米，或在树冠下铺地膜，可有效阻止成虫出土。

二是采用灭幼脲 1000 倍液使用喷雾机进行喷雾防治。

2. 成虫的防治措施

一是在幼虫发生危害期巡查果园，及时捡拾落地虫果并集中处理，以减少越冬虫源使用。

二是采用灭幼脲 1000 倍液使用喷雾机进行喷雾防治。

三是化学采用苯氧威 1000 倍液使用进行。

四是采用性引诱剂使用诱捕器进行性引诱防治。

第二节　梨小食心虫

梨小食心虫，卷蛾科小食心虫属的一种昆虫。也称梨小蛀果蛾、东方果蠹蛾、梨姬食心虫、桃折梢虫。

一、形态特征

成虫：体长 5~7 毫米，翅展 11~14 毫米，暗褐或灰黑色。下唇须灰褐上翘。触角丝状。前翅灰黑，前缘有 10 组白色短斜纹，中央近外缘 1/3 处有一明显白点，翅面散生灰白色鳞片，后缘有一些条纹，近外缘约有 10 个小黑斑。后翅浅茶褐色，两翅合拢，外缘合成钝角。足灰褐色，各足跗节末灰白色。腹部灰褐色。

幼虫：体长 10~13 毫米，淡红至桃红色，腹部橙黄，头黄褐色，前胸盾浅黄褐色，臀板浅褐色。胸、腹部淡红色或粉色。臀栉 4~7 齿，齿深褐色，腹足趾钩单序环 30~40 个，臀足趾钩 20~30 个。前胸气门前片上有 3 根刚毛。

卵：扁椭圆形，中央隆起，直径 0.5~0.8 毫米，表面有皱折，初乳白，后淡黄，孵化前变黑褐色。

二、生活史

梨小食心虫 1 年发生 3~4 代。以老熟幼虫结茧在老树翘皮下、枝叉缝隙、根颈部土壤中越冬，也有的在石块下、果品仓库墙缝处越冬。各代成虫发生期：越冬代4月中旬至6月中旬，第一代6月中旬至7月中旬，第二代7月上、中旬至8月上旬，第三代8月中旬至9月上旬。各代发生期很不整齐，世代重叠严重。卵期：春季8—10天，夏季4—5天。幼虫期10—15天，蛹期7—15天，成虫寿命11—17天，完成1代需30—40天。

梨小食心虫在宁夏回族自治区等地1年发生3~4代。主要以幼虫在老树翘皮下、枝叉缝隙、根颈部土壤中越冬，也有的在石块下、果品仓库墙缝中越冬。

三、防治时期

梨小食心虫在宁夏回族自治区等地，1年通常防治2—3次，防治越冬代最为重要。主要采用性引诱防治。

以防治第2代的成虫为主，5月15日左右开始防治，最佳防治时期为6月中旬至7月中旬左右。

四、主要防治措施

1. 成虫的防治措施

成虫对黑光灯有较强的趋性，使用杀虫灯进行诱捕。成虫交配产卵使用诱捕器进行性引诱防治。

2. 幼虫的防治措施

以老熟幼虫结茧在老树翘皮下、枝叉缝隙、根颈部土壤中越冬，也有的在石块下、果品仓库墙缝处越冬。

第三节　介壳虫

介壳虫全为植食性昆虫。介壳虫以刺吸式口器终生插入植物组织内取食。不仅大量掠夺植物汁液，破坏植物组织，引起组织褪色、死亡；而且还分泌一些特殊物质，使局部组织畸形或形成瘿瘤；有些种类还是传播植物病毒病的重要媒介。当介壳虫大量发生时，常密被于枝叶上，介壳和分泌的蜡质等覆盖枝叶表面，严重影响植物的呼吸和光合作用。有些种类还排泄"蜜露"，诱发黑霉病，危害很大，还会引来蚂蚁。介壳虫的危害部位因种类而异，多数种类危害植物的主干、大枝、小枝及叶、叶柄、果柄、果实等地上部分，少数种类危害根、须根、块茎或块根等地下部分。

一、形态特征

雌虫无翅，足和触角均退化；雄虫有一对柔翅，足和触角发达，刺吸式口器。体外被有蜡质介壳。卵通常埋在蜡丝块中、雌体下或雌虫分泌的介壳下。每一种的宿主植物有一定的范围。侵袭植物的根、树皮、叶、枝或果实。介壳虫往往是雄性有翅，能飞，雌虫和幼虫一经羽化，终生寄居在枝叶或果实上，造成叶片发黄、枝梢枯萎、树势衰退，且易诱发煤烟病。

西吉县危害杏树的介壳虫种类为朝鲜球坚蜡蚧（*Didesmococcus koreanus* Borchs），又称桃球坚蚧、杏球坚蚧。

二、生活史

介壳虫属于渐变态昆虫。雌虫发育经过卵、若虫和成虫3个阶段，雄虫发育经过卵、若虫、蛹和成虫4个阶段。雄蛹的翅芽是在体外逐渐形成的，一般经过预蛹和蛹2个时期。

杏球坚蚧1年发生1代，以2龄若虫固着在枝条上越冬。次年3月上、中旬开始活动，从蜡堆里的蜕皮中爬出。另找地点固着，群居在枝条上取食，不久便逐渐分化为雌、雄性。雌性若虫于3月下旬又脱皮1次，体背逐渐变大成球形。雄性若虫于4月上旬分泌白色蜡质形成介壳，再蜕皮化蛹其中，4月中旬开始羽化为成虫。4月下旬到5月上旬雄成虫羽化并与雌成虫交配，交配后的雌虫体迅速膨大，逐渐硬化，5月上旬开始产卵于母体下面，平均每雌产卵1000粒左右。卵期7天，5月中旬为若虫孵化盛期。

初孵若虫从母体臀裂处爬出,在寄主上爬行1—2天,寻找适当场所,以枝条裂缝处和枝条基部叶痕中为多。固定后,身体稍长大,两侧分泌白色丝状蜡质物,覆盖虫体背面。6月中旬后蜡质又逐渐溶化白色蜡层,包在虫体四周。此时发育缓慢,雌雄难分。越冬前脱皮1次,蜕皮包于2龄若虫体下,到12月份开始越冬。雌虫能孤雌生殖。

三、防治时期

杏球坚蚧在宁夏回族自治区等地以生长期防治为主,应抓住2个关键防治时期,4月下旬到5月上旬初龄若虫爬动期或雌成虫产卵前是第1个防治适期,5月中旬卵孵化盛期是第2个防治适期,选用低毒的选择性杀虫剂进行防治。

四、主要防治措施

1. 植物检疫

介壳虫常固着寄生,虫体微小,主要靠寄主枝条、接穗、果品甚至树干携带而远距离传播。因此,对苗木、接穗和果品的采购、调运过程和保护区都应实施检疫,以防传播蔓延。

2. 农业防治

加强果园管理,及时中耕松土、施肥和灌水,满足果树对水肥的需要,可增强树势,提高果树抗虫能力。结合整形修剪,把带虫的枝条集中烧毁,可大大减少虫口数量。

3. 生物防治

保护利用自然天敌,实施生物防治是控制介壳虫种群数量的有效途径。各地都有一些保护利用自然天敌,控制介壳虫危害的成功经验,应注意总结推广,如瓢虫是介壳虫的主要捕食性天敌。黑缘红瓢虫是主要天敌,其成虫、幼虫皆捕食朝鲜球坚蜡蚧的若虫和雌成虫,1头幼虫1昼夜可取食5头雌虫,1头瓢虫一生可捕食20余头,是抑制该虫大发生的重要因素。在采用其它防治措施，特别是进行化学防治时，尽可能避免杀伤天敌。

4. 物理和机械防治

抓住介壳虫生命活动中的 2 个薄弱环节，采用物理、机械的方法，可以起到事半功倍的防治效果。首先，介壳虫完全固定在植株上生活，很少活动，在新传入区常常只在局部植株或枝条上发生，及时采取拔株、剪枝、刮树皮或刷除等措施，便可收到显著的效果。其次，介壳虫短距离扩散蔓延主要靠初孵若虫爬行，此时采用枝干涂粘虫胶或其他阻隔方法，可阻止扩散，消灭绝大部分若虫。粘胶用 10 份松香、8 份蓖麻油和 0.5 份石蜡配制而成，将它们按比例混在一起，加热溶化后即可使用，粘性一般可维持 15 天左右。对于草履蚧亦可采用树根附近挖坑的方法，把其消灭在树下。

5. 化学防治

当介壳虫发生量大、为害严重时，药剂防治仍然是必要的手段。冬季可喷施 1 次 10~20 倍液的松脂合剂或 40~50 倍液的机油乳剂消灭越冬代雌虫，或冬、春季发芽前，喷波美度 3~5 石硫合剂或 3%~5% 柴油乳剂消灭越冬代若虫；在若虫孵化盛期，用 40% 氧化乐果乳油、40% 速扑杀乳油或 40.7% 乐斯本乳油与 80% 敌敌畏乳油按 1∶1 比例混合成的杀虫剂 1000~1500 倍液，连续喷药 3 次，交替使用，均有良好效果。

第四节　铜绿金龟子

铜绿金龟子，为鞘翅目丽金龟科昆虫。别称青金龟子、淡绿金龟子。

一、形态特征

成虫：体长 19~21 毫米，宽 9~10 毫米。体背铜绿色，有光泽。

前胸背板两侧为黄绿色，鞘翅铜绿色，有3条隆起的纵纹。腹背深褐色，露出部分黄褐色。复眼红色，触角黄褐色。足基部、腿节黄色。

卵：椭圆形，长径约1.5毫米，乳白色，后变淡黄色。

幼虫：圆筒形，体长23~25毫米，头黄褐色，体乳白色，胸足3对。腹部末节中央有两列肛毛，约14~15对，周围有许多不规则刚毛。身体弯曲呈C形。

二、生活史

铜绿金龟子在宁夏回族自治区等地1年发生1代。主要以3龄幼虫在土壤中越冬。

越冬代幼虫在每年4月初左右开始迁至耕作层活动危害，5月下旬左右结束。蛹在5月上旬左右开始化蛹，6月中旬左右结束。成虫在5月下旬左右成虫出现，9月中旬左右成虫绝迹。第一次危害是以越冬代3龄以上的幼虫为主，4月初左右开始危害，5月下旬左右结束危害。第二次危害是以越冬代的成虫为主，5月初左右开始危害，6—7月危害最为严重，9月初左右结束危害。

三、防治期

铜绿金龟子在宁夏回族自治区等地，1年通常防治1~2次，防治越冬代成虫最为重要。主要采用灯光诱杀防治。第一次是以防治越冬代成虫为主，5月下旬左右开始防治，最佳防治时期为6月初至7月底左右。第二次是以防治第1代的幼虫为主，6月初左右开始防治，最佳防治时期为7—9月。

四、主要防治措施

1. 幼虫的防治措施

（1）幼虫在土壤中钻蛀植物根部危害，可翻耕土壤进行防治。

（2）幼虫取食危害植物根部、幼苗及种子，采用辛硫磷50%乳油1千克/亩使用灭虫药包及布撒器进行投饵。

2. 成虫的防治措施

（1）成虫具有趋光性，使用杀虫灯进行灯光诱杀。

（2）采用杀螟丹 50% 可湿性粉剂，600~700 倍液使用喷雾机进行喷雾防治。

第五节　蚜　虫

蚜虫俗称腻虫或蜜虫等，隶属于半翅目（原为同翅目，Hemiptera），包括球蚜总科（Adelgoidea）和蚜总科（Aphidoidea）。蚜虫主要分布在北半球温带地区和亚热带地区，热带地区分布很少。目前已经发现的蚜虫总共有 10 个科约 4400 种，其中多数属于蚜科。蚜虫也是地球上最具破坏性的害虫之一。其中大约有 250 种是对于农林业和园艺业危害严重的害虫。

一、形态特征

蚜虫为多态昆虫，同种有无翅和有翅，有翅个体有单眼，无翅个体无单眼。具翅个体 2 对翅，前翅大，后翅小，前翅近前缘有 1 条由纵脉合并而成的粗脉，端部有翅痣。第 6 腹节背侧有 1 对腹管，腹部末端有 1 个尾片。其中小蚜属、黑背蚜属及否蚜属为中国特有属。

体长 1.5~4.9 毫米，多数约 2 毫米。有时被蜡粉，但缺蜡片。触角 6 节，少数 5 节，罕见 4 节，感觉圆圈形，罕见椭圆形，末节端部常长于基部。眼大，多小眼面，常有突出的 3 小眼面眼瘤。喙末节短钝至长尖。腹部大于头部与胸部之和。前胸与腹部各节常有缘瘤。腹管通常管状，长常大于宽，基部粗，向端部渐细，中部或端部有时膨大，顶端常有缘突，表面光滑或有瓦纹或端部有网纹，罕见生有或少或多的毛，罕见腹管环状或缺。尾片圆椎形、指形、剑形、三角形、五角形、盔形至半月形。尾板末端圆。

表皮光滑、有网纹或皱纹或由微刺或颗粒组成的斑纹。体毛尖锐或顶端膨大为头状或扇状。有翅蚜触角通常6节，第3或3及4或3~5节有次生感觉圈。前翅中脉通常分为3支，少数分为2支。后翅通常有肘脉2支，罕见后翅变小，翅脉退化。翅脉有时镶黑边。身体半透明，大部分是绿色或是白色。

二、生活史

每年发生20多代，其中以春季危害性最大，桃蚜为例，桃蚜以卵在桃树的树皮、枝梢、芽腋及枝条缝隙中越冬。初春桃树开花，桃蚜越冬卵也在此时开始孵化，同时开始孤雌胎生繁殖，若虫集聚在刚萌发的嫩芽上危害。3月下旬至5月上旬开始繁殖，特别是在春季气温回升快，且又处于干旱的情况下，繁殖最快，危害也最重。连续繁殖几代后，随着温度的急剧上升，开始产生有翅蚜，迁飞到其他寄主上危害。直至11月上旬又迁回桃树，产卵越冬。

早春当桃芽萌动时，若虫危害刚萌发的嫩芽。此时，能造成幼芽生长停滞，严重时导致幼芽干枯。当桃树新梢展叶后，成虫及若虫群集在叶片背面及嫩梢上危害，吸食汁液，被害叶片向背面反卷并干缩，影响叶片光合作用，削弱其功能，对生长极为不利。严重时，致使新梢叶片全部扭卷成团，甚至干枯脱落，不仅对树木当年生长有较大的影响。树木受害后，严重影响观赏价值。另外，因蚜虫的排泄物为甜味粘液，易招引蚂蚁、苍蝇等，影响周围的清洁卫生；其次蚜虫危害时，还传染病毒病。

三、防治时期

在宁夏回族自治区等地，1年通常防治1~2次。第一次是以防治若虫为主，5月上旬左右开始防治。第二次是以防治成虫及若虫为主，6月初左右开始防治。

四、防治措施

药剂推荐以低毒环保的制剂为主，如啶虫脒、吡虫啉（一般农资店都有售），药剂每小袋 10 克可兑水 7~10 千克，用小喷壶重点喷植物的植物的生长点及害虫的聚集处。

使用刺激性的花椒水、辣椒水防治。取一定量的干辣椒或花椒，用沸水中煮至水变色，等水凉后，把杂质取出，然后把辣椒（花椒）水喷洒于受害的植物上，效果比较明显。

还可以结合一般生物防治方法如保护瓢虫，草蛉等天敌，施放真菌，人工诱集捕杀等生物防治法。

第六节　亥　象

亥象属于鞘翅目，象虫科。寄主是甜菜、土豆、茵陈蒿，野生草本植物。主要危害树木嫩芽。

一、形态特征

身体卵状球形，体长 3.5~4.5 毫米，体宽 1.9~2.6 毫米，体壁黑色，触角、足黄褐色，发红，被覆石灰色圆形鳞片，前胸有褐色纹 3 条，鞘翅行间 4 之间有褐斑 1 个，其后缘为弧形，长达鞘翅中间，这个斑的后边、外边形成一个较淡的斑点，二斑之间显出一灰色 U 形条纹，这些斑点条纹是最容易鉴别此虫的特征。触角和足散布较长的毛，鞘翅行间有一行很短而倒伏的毛，头部和前胸的毛很稀。头部和前胸往往有一条很细的中沟，鞘翅行纹也很细。

二、生活史

一年发生一代，以幼虫在土中越冬。翌年 2 月下旬至 3 月上旬化蛹，3 月中旬至 5 月上旬成虫羽化。成虫羽化后即出土食危害嫩芽，芽受害后长时间不能重新萌发。幼叶展开后，亥象可将叶尖咬成半圆形或锯齿状缺刻。4 月以前由于气温较低，成虫多在晴朗无风天的中午前后上树为害，早晚则在近树干的土中潜伏。

4月份以后，气温升高，成虫则喜早晚活动，并有受惊坠地的假死习性。卵期12天左右。4月上旬至5月中旬幼虫孵化。8月份以后下潜至30厘米左右的深处越冬。翌年春，气温回升时，幼虫上升到离地表10~20厘米处活动，化蛹时蛹室距土表3~5厘米。

三、防治时期

在宁夏等地，1年通常防治1—2次。第一次是以防治越冬代成虫最为重要，4月中旬左右开始防治。

四、防治措施

人工捕捉防治成虫发生期，利用亥象假死性特点。可在早晨或傍晚人工摇动树枝，震落捕杀。

树上喷药防治成虫。采用氯菊酯1500倍液，使用喷雾机进行喷雾防治。

第七节 杏疔病

杏疔病又称杏黄病、红肿病，仅危害杏树。引起杏疔病的病原菌属子囊菌亚门，球壳菌目，疔痤菌科，杏疔座霉菌。

一、症状

杏疔病主要危害杏树的新梢、叶片，也可危害花和果实。该病在新梢上症状表现十分明显，新梢染病后，生长缓慢且节间变短，新梢上叶片呈簇生状，促使侧芽萌发二次枝生长，一是影响成龄树的光合作用，二是影响幼树极早成形；受害叶片初期为暗红色，呈肿胀扭曲状，质地明显增厚变硬脆，病叶逐渐变成黄绿色，后期变为黑褐色，逐渐干枯，叶背散生小黑点，叶片干缩在枝条上，不易脱落；花朵被侵染后，花萼肥厚，开花不完整，花期短，花瓣和花萼不易脱落；果实染病，轻者果面产生淡黄色病斑，表面有红褐色小粒点，重者生长停滞，后期干缩脱落或挂在树上呈干浆果。

二、发病规律

该病病菌以子囊壳在病叶或芽体内越冬。次年 3 月下旬至 4 月上旬，杏树萌芽时遇雨后，病叶中的子囊孢子即从子囊壳中放射出来，借助风雨或气流传播到幼芽上，很快入侵芽体萌发为害（或芽体内的病菌直接萌发），随着芽子的萌发，菌丝在新梢幼叶上发病蔓延，5 月份开始表现症状，9 月下旬至 10 月上中旬在逐渐干枯的叶片上形成子囊壳越冬（85% 以上的病叶挂在树上）或入侵芽体越冬。该病一年发生 1 次，无再侵染过程。

三、防治措施

1. 农业防治

（1）建园地址选在地势高燥的阳坡，避免在地势低洼的地块建园，且栽植密度要合理。

（2）加强栽培管理，通过增施有机肥增强树势，合理修剪（生长季修剪），改善树体通风透光条件，提高树体抗病能力。

（3）从发芽前至发病初期剪除病梢和未落的干枯病叶，摘除干浆果，秋季和春季清扫园地杂草、落叶、病果，集中深埋或烧毁，可取得良好的预防效果。

2. 药物防治

在秋季落叶后或杏树萌芽前，全园喷洒 1 次 5 波美度石硫合剂，或春季萌芽前喷洒 5% 菌毒清 1000 倍液或 25% 丙环唑乳油 800 倍液彻底清园，消灭越冬菌源。自杏树展叶期开始，每半月交替喷洒 70% 甲基托布津可湿性粉剂 800 倍液或 12% 腈菌唑 2000 倍液或 50% 丙环唑 1500 倍液等药剂均可取得良好的防效。

第八节 杏疮痂病

杏疮痂病是由真菌引起的病害。病菌以菌丝体在病枝中越冬，第二年春天借风雨传播。杏疮痂病潜伏期长，初侵染对杏树危害最大。

一、症状

杏疮痂病主要危害果实，造成果面龟裂，使果皮粗糙，不能食用。同时，也危害叶片和新梢，使叶片早落，新梢枯死，严重时整株树死亡。

危害果实症状：此病多在果实肩部发生。发病初期，果面出现暗绿色圆形小斑点。随着果实的膨大，病斑扩大，颜色加深，逐渐变为褐色和紫红色。当果面变黄，果实接近成熟时，病斑上出现紫黑或红黑霉状斑点。严重时，数个病斑连成一片，果面粗糙，形成龟裂。在成熟果上，病斑呈片状，灰褐色；果皮不规则开裂，流胶，或病斑呈片状深灰褐色，形成介壳状突起的木栓块。木栓块脱落后，形成不规则的凹坑，或病斑呈圆形，黄褐色，稍凸起。

危害叶片症状：叶片的发病情况与果实相似。以后病斑逐渐变成紫红色，形成穿孔，严重时引起早期落叶。

危害枝梢症状：枝梢发病初期，出现椭圆形淡褐色小斑点，到秋季发展成长10毫米、宽5毫米的凹陷黑褐色霉斑；数块病斑连成片后，致使植株上部枝梢枯死。发病严重的植株，在当年7—8月份全部落叶，引起第二次发芽，严重削弱树势。如果连续2—3年发病，可导致根系糜烂，全株枯死。

二、发病规律

杏疮痂病在每年5月份初发病，发病盛期为6—8月份。杏疮痂病在雨水较多的春季和初夏发病重。水地比旱地重，树冠下部果比上部果发病重。树冠郁闭、通风条件不好的果园，比树冠合理、通风良好的果园发病重。根据杏疮痂病这一发病特点，在对其进行全面防治时，要注意抓好病重部位和病重时期的防治工作。

三、防治措施

1. 农业防治

（1）加强栽培管理，提高树体抗性。

（2）合理修剪，防止树体郁闭，使树冠疏密合理、通风状况良好。结合冬季修剪剪除病枝，集中处理。

2. 药物防治

芽前喷施 3～5 波美度石硫合剂或 500 倍液五氯酚钠。花后喷 2~4 波美度石硫合剂，0.5：1：100 硫酸锌石灰液及 65% 代森锌 600~800 倍液，生长后期结合其他病害的防治喷病果 70% 百菌清 600 倍液，或 70% 甲基托布津可湿性粉剂 1000 倍液。

第九节　杏果实斑点病

杏果实斑点病是真菌病害。病菌主要以菌丝在树上残留病叶和地面越冬，通过风雨传播，次年以孢子从叶片气孔、果实皮孔侵入。

一、症状

受害果实表面产生褐色或紫褐色的木栓化斑点或斑块，病部可深入果肉 5~8 毫米，呈木栓化，不能食用。

二、发病规律

杏果实斑点病危害杏树的叶、果，主要是危害果实。病菌主要在病叶上越冬，5月份形成分生孢子，借风、雨传播；在温度为 20℃时，其潜育期为 3 天。发病轻重与环境及品种有直接的关系。

三、防治措施

1. 农业防治

（1）因地制宜的选择抗病性强的杏树品种。

（2）加强果园管理。增施有机肥，避免偏施氮肥，合理灌溉，科学修剪，调节适度的通风透光度。遇到阴雨天气，及时做好排水措施，降低果园湿度。结合修剪，将病叶摘除，清理果园，集中烧毁，以减少病原。

2. 药物防治

杏果实斑点病发病初期，可向树上喷洒 70% 甲基托布津可湿性粉剂，喷洒 50% 多菌灵可湿性粉剂 800 倍液，或喷洒 80% 代森锌可湿性粉剂 500 倍液 2~3 次。喷洒间隔时间为每隔 10—15 天喷洒 1 次，可以收到良好的防治效果。

第十节　杏树褐腐病

杏树褐腐病又称果腐病、灰腐病、实腐病。主要危害果实，也危害花和枝梢。在多雨年份，如遇到蛀果害虫危害严重时，褐腐病常流行成灾，引起大量烂果、落果，造成损失很大。

一、症状

杏褐腐病有两种症状。第一种症状是果实将近成熟时危害果实。果实上初形成暗褐色、稍凹陷的圆形斑，后迅速扩大，变软腐烂，上面生有黄褐色绒状颗粒，轮生或不规则，被害果早期脱落、腐烂，少数挂在树上形成僵果。第二种危害果实、花及叶片。果实染病，生出灰色绒状颗粒。有时引起花腐。叶片染病，形成大型暗绿色水渍状病斑，多雨时导致叶腐。

二、发病规律

褐腐病以菌丝体在僵果和病枝溃疡处越冬。第二年春季，病菌在僵果和病枝处产生分生孢子，依靠风雨和昆虫传播，引起初侵染。分生孢子萌发后，由皮孔和伤口侵入树体。在适宜的条件下，继续产生分生孢子，引起再侵染。从 5 月中旬果实着色期开始发病，迅速蔓延，至 5 月下旬达发病高峰。多雨高湿条件适于病害发生。

褐腐病主要由核果褐腐菌和仁果褐腐菌侵染所致。其中核果褐腐菌只引起果腐。如天气温暖潮湿，病虫伤、机械伤及裂果等表面伤口多，均会加重褐腐病的发生。树势衰弱，管理不良，地势低洼，枝叶过密，通风透光较差的果园，发病会比较多。

三、防治措施

1. 农业防治

（1）防止果实产生伤口，及时防治害虫，以减少虫伤，防止病菌从伤口侵入。

（2）及时清除树上、树下的僵果和病果，集中深埋或烧毁，清除病源。

（3）结合杏园冬季修剪，剪除病枝，消灭越冬病菌。

2. 药物防治

在花腐发生严重的地区，于初花期喷洒 5 波美度石硫合剂。如没有花腐发生，则第一次药应在落花后 10 天左右喷施。之后，隔 15—20 天再喷 1—2 次，直到果实成熟前 1 个月左右再喷一次药。也可喷洒 0.3 波美度石硫合剂或 65% 代森锌可湿性粉剂 500 倍液。

第七章 防冻防寒措施

第一节 常用防冻防寒措施

4月中至5月上旬，杏花和幼果易遭霜冻风险，造成减产或绝收，生产中常采取施基肥、地表覆盖等措施防冻防寒。

一、早施基肥

施有机肥能补养壮树，增强果树抗寒能力。因此应特别重视果园基肥的施用并且要早施、深施，以提高肥料的利用率，对于壮树高产优质极为重要，尤其对土壤增温及贮藏营养积累更为有利。过冬肥应以益生源中微量元素生物菌肥为主，配合施入氮磷钾等速效化肥，可采用开环形沟或挖槽的方法施入。

二、果园冬灌

由于果园多在山坡、丘陵、河漫土滩地，土层浅，保水性差，容易使果树遭受干旱冻害，因而在入冬前，有灌溉条件的果园，要对果树灌水1—2次，这样可达到用水养温、增温，降低冻害发生。

三、树干涂白

以涂白剂将果树树干和主枝均匀涂白，既防冻、防日灼、防兔害和牛羊啃食，又能杀死隐藏在树干中的病菌，虫卵和成虫。涂白剂的配制方法是生石灰10份，硫磺粉1份，食盐1份，植物油0.1份，清水20份。

四、地表覆盖

在果树行间以麦草、枯草、玉米秸秆等覆盖，即可阻挡冷风侵袭根茎，减弱冻害，又可减少土壤水分蒸发，起到保墒增温作用。覆盖时，应将稻草等覆盖物切成15~20厘米长的小段，均匀覆盖后再覆土一层，以防大风刮走。待覆盖物腐烂后，还能成为有利果树生长的有机肥。对1—3年生的幼树，也可在霜降前在树盘覆盖1米见方的地膜，既可增加土壤温度，又能保持土壤湿度。

五、树体包裹

大冻到来之前，用谷草、草绳或废弃的地膜缠于树干或主枝，既能防止寒风侵袭，又能减少树干水分的流失。缠绕前最好把缠绕物先在石灰水中浸泡1—2天，以消毒灭菌，防止病虫借机侵扰果树。来年春暖解草把时集中烧毁，以消灭越冬的病虫。

六、熏烟增温

熏烟宜在冬季最寒冷的夜间采用，以碎柴禾、碎杂草、锯末、糠壳等为燃料，于夜晚12时左右点燃，注意控制火势，以暗火浓烟为宜，一般每亩不少于3个燃火点并将其设在上风口。据测定熏烟法可提高气温3~4℃。

七、清除积雪

冬季降雪大时，大雪易压弯或压断树枝，枝弯、枝断均会加重果树冻伤。因此，大雪过后应及时抖动树干，摇掉积雪，以保果树顺利过冬。

第二节　棚布覆盖简易防霜冻措施

春季3月下旬至5月下旬,杏树花期、幼果期霜冻来临之前。可以采取将棚布直接覆盖在树体的方法防霜冻。根据树体大小选择适宜的棚布,在棚布四周预留孔中放入绳索,用长木棍将棚布撑起覆盖在单株杏树上,收紧绳索、结节,使棚布牢固的覆盖树体,保护花朵不受霜冻危害。注意温度变化情况,温度上升、霜冻结束后即可解除棚布。如果遇到连续霜冻,待霜冻结束后可解除棚布,避免重复作业。作业过程中,要注意保护枝干、枝梢、叶片和花朵不受损伤。必要时,对迎风面或树枝较弱的树木,在周围栽植木桩或竹竿,使棚布覆盖在木桩或竹竿上,辅助树木承受压力,防止棚布对树枝、花朵或幼果造成的损伤,同时,也有助于树木抗风。使用棚布覆盖防霜冻过程中,要小心作业,防止棚布撕裂、划伤,达到棚布多次使用的目的,有效降低防霜冻作业成本。

晚霜冻结束后即可解除棚布,拆除支架。晾晒、修补、整理彩条布或聚乙烯吹塑棚膜,整理木桩、竹竿、绳索、铁丝等支架材料,妥善储藏,防止霉变、损坏。以达到多次使用,降低成本的目的。将废弃不用的彩条布、聚乙烯吹塑棚膜、绳索、铁丝等归类整理,运送到垃圾转运站集中统一处理,防止污染生态环境。

实践篇

SHIJIAN PIAN

第八章　杏树提质增效技术

第一节　宁夏南部山区山杏嫁接技术

宁夏西吉县土壤瘠薄，干旱少雨，气候条件差，杏树嫁接成活率低。为提高接嫁接成活率，需要采取适宜的嫁接方法，做好接穗的采集和处理，加强嫁接后的管理，将山杏嫁接改造成新的优良品种。

一、基本情况

西吉县位于宁夏回族自治区南部，地理位置处于黄土高原的六盘山北段西麓，山丘相间，沟壑纵横，土壤瘠薄，水土流失严重，生态环境脆弱，为我国荒漠化和水土流失严重地区。县域内大部分地区为中温带半湿润向半干旱过渡地区，是典型的草原生物气候带。主要季节特征表现为：夏季温度高而短暂，冬季寒冷但漫长，寒暑变化较为剧烈；日照较为充足，无霜期比较短，干旱少雨，雨期集中在秋季，蒸发强烈，多种自然灾害频繁。根据当地气象资料记载（2000—2011年），全县多年平均气温为6.4℃，1月份平均气温-9.2℃，极端最低温度-29.0℃（2008年）；7月份平均气温20.8℃，极端最高温度33.9℃（2011年）。光热资源丰富，日照充足，年均日照时数2322.2小时；≥0℃活动积温270℃，≥10℃有效积温2400℃；初霜日多始于9月中下旬至10月上旬，终霜为4月中下旬至5月上旬，年平均无霜期150天。年度平均降水量400毫米左右，多集中在秋季7、8、9三个月，占全年总降水量的60.9%，时空分布不均，年度蒸发量1020毫米，为降水量的2~3倍。年平均相对湿度为60%~70%，空气湿润。年平均风速为1.9米/秒，最大风速达13.7米/秒，主风向为西北风。年冰雹日数为1—2天。境内多种自然灾害频繁，影响较大的主要有霜冻、冰雹、干旱、大风、暴雨等，危害最严重的气象制约因子是霜冻和干旱，发生次数频繁，给林业生产（营造林）造成严重的影响。

二、嫁接时期

春季嫁接，3月26日前后开始。农历春分节后，清明前。秋季嫁接，8月3日前后开始。农历大暑节后，立秋前。

三、砧木选择

选择退耕地或林地栽植的6—7年生山杏为砧木。

四、接穗的采集

用于嫁接的接穗必须选择无病虫害、树势健壮、品种优良纯正的母株（红梅杏、曹杏等）或母树林采穗，注意采集树冠外围芽眼饱满、生长充实的发育枝或枝上的芽做接穗。对于夏秋季嫁接所用的接穗，应做到随采随用，用不完的接穗应放于冷凉处，并进行保湿。一般不建议用储藏的接穗。做到接穗采后要立即摘叶（留叶柄）。接穗采集距离较远时，注意做好接穗的保湿运输工作。落叶后至萌芽前，可以结合修剪采剪储备春季嫁接时所需用的接穗，采后贮藏在地窖或埋入湿沙中，嫁接时即取即用。

五、嫁接的技术方法

本次采用枝接、T形芽接法。高接换种实施中采用一般枝接法。

在春季树液开始流动尚未发芽时，利用上一年的砧木和成熟饱满的接穗进行嫁接。劈接法是枝接法的其中一种，是林业生产上应用较多的一种方法。嫁接操作步骤是：将砧木从基部5~10厘米的光滑处剪截，保持断面平滑，然后在断面中心垂直劈开，深度约为3~4厘米。接穗选择具有2~3个饱满芽的枝段，用芽接刀在下部芽左右两侧各削一长3~4厘米的楔形双斜面。切面一薄一厚，有芽的一侧稍厚，另一侧稍薄。将接穗稍厚（有芽的一侧）的一面朝外插入砧木劈口中，对齐砧木与接穗的形成层，"露白"即接穗削面上端应高出砧木切口0.1~0.5厘米。这样有利于嫁接伤口愈合，然后用塑料条扎紧绑严。低温干旱地区，为防止接穗失水干燥而影响成活，接穗上端剪口要使用蜡或油漆涂封口，也可绑后埋入土中。

T形芽接法又称盾片芽接法，是对春季嫁接失败苗的补救措施。嫁接时在接穗芽的上方0.5厘米处横切1刀，再从芽的下方1.5厘米处向上削入木质部至上切口处，取下2厘米大小的盾形芽片；选择砧木上当年发出的健壮枝条，在砧木的基部10厘米左右处切一T形状切口，将接芽插入砧木的切口，做到接芽上端与砧木横切口贴紧对齐，然后用塑料条扎紧绑严就可以了。

六、后期管理

1. 枝接苗的检查和管理

枝接成活接穗发芽生长后15—30天，选取保留1个生长健壮的新梢，其余的剪掉，起到集中养分促进苗木生长的作用。留枝的同时解除绑条，以防影响枝条加粗生长。加强生长期肥水管理，经常松土锄草，并注意防治杏树病虫害。

2. 芽接苗的管理

嫁接后一般10—15天检查接芽是否成活。嫁接成活的接芽一般15—30天即可解绑条，检查成活、解绑的同时将砧木从接芽上 3~5 厘米处剪断。待接芽萌发生长时，从接芽上方 0.5 厘米左右处剪去砧木。春季嫁接未成活的应及时补接，秋季嫁接未成活的待翌春补接。

接穗发芽成活后，当年应除萌 4-5 次，除锄草 3 次以上。在新梢达到 25 厘米时要立支柱，防止风折。新梢长到 60 厘米时，及时摘心 2-3 次。在雨季或灌水前，每亩应施入 40 千克氮肥和 15 千克磷肥，加强蚜虫、金龟子等病虫害的防治。

第二节　宁夏南部山区杏树棚布简易覆盖防霜冻技术

宁夏境内多种自然灾害频繁，影响较大的主要有霜冻、冰雹、干旱、大风、暴雨等，危害最严重的气象制约因子是霜冻和干旱，发生次数频繁，对杏树开花、结果造成严重的影响。杏树花期使用棚布覆盖防霜冻的技术简单易行，对杏树防霜冻具有一定的指导作用。

一、基本情况

西吉县位于宁夏回族自治区南部，地理位置处于西北黄土高原区的六盘山北段西麓，属于大陆性季风气候边缘地带，县域内大部分地区为中温带半湿润向半干旱过渡地区（只有北部的月亮山和东北部的六盘山余脉属山地森林气候带）。主要季节特征表现为：夏季温度高而短暂，冬季寒冷但漫长，寒暑变化较为剧烈；日照较为充足，无霜期比较短，干旱少雨，雨期集中在秋季，蒸发强烈，多种自然灾害频繁。

根据当地气象资料记载（2000—2011 年），全县多年平均气温为 6.4℃，1 月份平均气温 -9.2℃，极端最低温度 -29.0℃（2008 年）；7 月份平均气温 20.8℃，极端最高温度 33.9℃（2011 年）。

光热资源丰富，日照充足，年均日照时数 2322.2 小时；≥ 0 ℃活动积温 270℃，≥ 10℃有效积温 2400℃；初霜日多始于 9 月中下旬至 10 月上旬，终霜为 4 月中下旬至 5 月上旬，年平均无霜期 150 天。年均降水量 400 毫米左右，多集中在秋季 7、8、9 三个月，占全年总降水量的 60.9%，时空分布不均，年度蒸发量 1020 毫米，为降水量的 2~3 倍。年平均相对湿度为 60%~70%，空气湿润。年平均风速为 1.9 米 / 秒，最大风速达 13.7 米 / 秒，主风向为西北风。年冰雹日数为 1—2 天。境内多种自然灾害频繁，影响较大的主要有霜冻、冰雹、干旱、大风、暴雨等，危害最严重的气象制约因子是霜冻和干旱，发生次数频繁，给林业生产（营造林）造成严重的影响。

二、作业时间

春季 3 月 21 日（春分前后）—5 月 21 日（小满前后），杏树花期、霜冻来临之前。要特别注意农历四月初八前后发生的霜冻（当地俗称"四月八黑霜"）。

三、材料采购

一是棚布。按照树木高度、树冠大小确定棚布尺寸，一般选择 6×8 米聚乙烯棚布。也可选择幅宽 4 米或 8 米，厚度 0.10 毫米聚乙烯吹塑棚膜。

二是高度 2~3 米梯架。

三是竹（木）制撑杆。

四是辅助树木用的木桩或竹竿。

五是绳索。

六是铁丝。

四、操作方法

1. 棚布直接覆盖树体的方法

在棚布四周预留孔中放入绳索，用梯子或长杆将棚布覆盖在单株杏树上，收紧绳索、结节，使棚布牢固的覆盖树体，保护花朵不受霜冻危害。注意温度变化情况，温度上升、霜冻结束后即可解除棚布。如果遇到连续霜冻，待霜冻结束后可解除棚布，避免重复作业。作业过程中，要注意保护枝干、枝梢、叶片和花朵不受损伤。必要时，对迎风面或树枝较弱的树木，在周围栽植木桩或竹竿，使棚布覆盖在木桩或竹竿上，辅助树木承受压力，防止棚布对树枝、花朵造成的损伤，同时，也有助于树木抗风。使用棚布覆盖防霜冻过程中，要小心作业，防止棚布撕裂、划伤，达到棚布多次使用的目的，有效降低防霜冻作业成本。

2. 搭建简易支架覆盖棚布的方法

每相邻2行树搭建1个简易支架棚，棚顶部铺设彩条布或聚乙烯吹塑棚膜防霜冻。搭建简易支架棚时，按照树木的株行距，以每2行搭建1个简易支架棚为宜。支架棚四边的固定支架可用竹竿或木桩搭建，栽设宽4米、高3米左右的支架，将棚支架较深地埋入土中，如果支架不牢固，可以在相互支架之间用竹竿连接起来，增加稳定性。如果支架很牢固，也可以不用把支架连起来。棚顶端选择4米长竹条，每间隔2米架设1条。各骨架之间用竹竿、铁丝将每个支架固定连接在一起，在支架上面扣上彩条布或聚乙烯吹塑棚膜，四周拉紧后将边缘用铁丝固定，棚布上面再用压杆或压线将其固定，防止大风吹走或吹落。在防风良好的地段，棚布上面可以不用压杆或压线。待霜冻结束后即可解除棚布。

五、材料后期管理

晚霜冻结束后即可解除棚布，拆除支架。晾晒、修补、整理彩条布或聚乙烯吹塑棚膜，整理木桩、竹竿、绳索、铁丝等支架材料，妥善储藏，防止霉变、损坏。以达到多次使用，降低成本的目的。将废弃不用的彩条布、聚乙烯吹塑棚膜、绳索、铁丝等归类整理，运送到垃圾转运站集中统一处理，防止污染生态环境。

第三节　宁夏山区退耕林地山杏高接换种技术

西吉县第一轮退耕还林面积中山杏、山桃所占比重较大。2000—2007年，完成退耕还林104.18万亩，其中退耕地造林68.67万亩，宜林荒山荒地造林35.51万亩，在退耕造林中，乔木24万亩，灌木44.67万亩。栽植的山毛桃、山杏等树种应该已经进入盛果期。但是，由于退耕地大部分位于梁峁顶及山体的中上部位，光、热、水、土壤肥力等自然条件差，冷凉的自然条件使林木生长缓慢，幼林成林晚，经济效益发挥迟。2017—2018年，在西吉县田坪乡退耕还林区试点山杏高接换种改造，成活率达到85%。进行山杏高接换种改造，对保护退耕还林建设成果，增加退耕户收入具有重要的作用。

一、换种前的准备工作

1. 接穗品种的选择

选用彭阳鲜食红梅杏（良种编号：宁S-ETS-AV-008-2011）、串枝红杏（良种编号：宁R-ETS-AV-001-2011）、金太阳杏（良种编号：宁R-ETS-AV-002-2011）、曹杏（良种编号：宁R-ETS-AV-003-2011）、仁用杏（龙王帽、薄壳仁用杏）等优良品种。

2. 接穗的采集

用于嫁接的接穗必须选择无病虫害、树势健壮、品种优良纯正的母株（红梅杏、串枝红、龙王帽等）或母树林采穗，注意采集树冠外围芽眼饱满、生长充实的发育枝或枝上的芽作接穗。

3. 接穗的储藏

对于春夏季嫁接所用的接穗，应做到随采随用，用不完的接穗应妥善放置于冷凉处，并进行保湿。一般不建议使用长时间储藏的接穗。

二、砧木的选择

选择退耕林地或"四旁"地栽植的 6—7 年生山杏为砧木。胸径在 3~8 厘米之间。

三、嫁接时间

春季嫁接时间农历春分节后，清明之前。即 3 月 26 日前后开始。

秋季嫁接时间农历大暑节后，立秋之前。即 7 月 22 日前后开始。

四、人员安排

按照嫁接的数量和面积大小确定技术和后勤服务人员。技术人员负责培训嫁接熟练技工，在操作期间举行技术指导；后勤服务人员负责及时运送接穗等嫁接材料。

五、嫁接技术

6—7 年生山杏高接换种实施中采用一般枝接法。在春季树液开始流动尚未发芽时，利用上一年（或当年平茬）的砧木和成熟饱满的接穗进行嫁接。劈接法是枝接法的其中一种，是林业嫁接中应用较多的一种方法。嫁接操作步骤是：将砧木从基部 5~10 厘米的光滑处剪截，尽量保持切面平滑，然后在断面中心垂直劈开，深度为 3~4 厘米。接穗选择具有 2~3 个饱满芽的枝段，用锋利的芽接刀在下部芽左右两侧各削一长 3~4 厘米的楔形双斜面。接穗切面一薄一厚，有芽的一侧稍厚，另一侧稍薄。将接穗稍厚（有芽的一侧）的一面朝外插入砧木劈口中，必须对齐砧木与接穗的形成层，做到接穗"露白"，即接穗削面上端应高出砧木切口 0.1~0.5 厘米。这样做得好处是有利于嫁接伤口更好的愈合，然后用塑料条扎紧绑严接穗。西吉县等低温干旱地区，为防止接穗失水干燥而影响发芽成活，接穗上端剪口要使用蜡或油漆涂封口，也可绑紧后埋入土中。

六、嫁接后的管理

枝接苗的检查和管理。枝接成活接穗发芽生长后15—30天之间,择优选取保留1个生长健壮的新梢,其余的剪掉,这样就能够保证集中养分促进苗木生长。检查成活、留枝作业的同时解除绑条,以防影响枝条的加粗生长。检查中发现春季嫁接未成活的应及时补接。加强砧木生长期肥水管理,勤于松土锄草,并注意使用无公害措施防治杏树的各种病虫害。

第四节 宁夏南部干旱山区退耕还林技术

宁夏南部干旱山区退耕还林工程建设中,山杏的种植面积较大。详细了解山杏的分布区域、种植面积、造林密度等情况,有助于当地制订山杏改造提升的技术方案,因地制宜,逐步对山杏林区进行嫁接改良。

一、基本情况

宁夏南部山区地处黄河中游地区的黄土高原腹地,主要地貌类型有黄土丘陵、河谷川地和土石山地。植被类型主要有干草原植被、山地植被、盐生和沼泽植被四大类。该区沟壑纵横,植被稀疏,水土流失严重,生态环境脆弱,自然条件严酷,恶劣的生态环境成为制约当地经济社会可持续发展的主要因素。大力植树造林,恢复林草植被,改善生态环境,是保障农业生产、促进经济社会可持续发展的惟一途径。西吉县是宁南山区县份之一,生态环境脆弱,水土流失严重,流失面积高达2833.2平方千米,占全县总面积的90%,平均年土壤侵蚀总量1347.5万吨。气候属中温带半湿润半干旱过渡类型、年降水量400毫米左右,而且降水分配不均,主要集中在7、8、9三个月;占全年降水量的

60.9%。而对造林成活率影响较大的3—5月，降水量很少，只占全年降水量的17.1%。自然灾害主要有干旱、霜冻、大风、沙尘暴、暴雨、冰雹、干热风等，干旱是危害最严重的气象制约因子，发生次数频繁，给农业生产和林业建设造成严重的影响。水分是构成植物的必要成分，是林木生长发育必备条件，降水时期、降雨量、土壤含水量是影响造林成活率的关键因素。宁夏南部山区生态条件恶化，气候条件差，干旱成为影响造林质量的主要气象因子，主要表现在造林不易成活，成活后生长量小，使造林成本大、效益发挥迟。近年来，宁夏西吉县在退耕还林工程建设当中，认真实践，深入研究，总结出一套干旱山区整地造林技术，对有效拦截降水，调节降水时空分布，提高造林成活率具有重要作用。

二、林种及配置模式

宁夏南部山区植被稀疏，水土流失严重，根据当地自然条件和气候特点，在退耕还林草工程林草种比例设计中，遵循自然规律，坚持以生态效益为核心，本着近期利益和长远利益、生态效益和经济效益兼顾的原则，以保护和恢复植被、改善生态环境为目标，把生态环境建设与农业产业结构调整相结合，以流域为治理单元，生物措施与工程措施相配套，实行山、水、田、林、草、路综合治理，以防护林为主，兼顾经济林和用材林，适当加大牧草种植比例，采取乔、灌、草相结合的建设模式，其中乔木树种占23%，灌林树种占47%，多年生牧草占30%。造林选用灌木型生态林、乔灌混交型水土保持林、针阔混交型水源涵养林等模式。在黄土丘陵区重点营造水土保持林，在土石山区重点营造水源涵养林。

三、整地措施

适宜的整地措施是提高造林成活率和苗木生长量的有效途径。一是合理的整地方式能有效拦截降水，调剂降水季节和苗木生长所需的水分；二是整地可改善局部小气候，苗木栽植于水平沟内，低于自然坡面，地埂的屏障作用减缓了坑内土壤水分的散蒸，同时预防苗木风干；三是整地工程措施可减轻降水强度，拦截地表径流，达到水不下山，泥不出沟的目的，有效控制水土流失。根据地貌类型和土壤条件，西吉县退耕还林工程造林共设计了"26543"水平沟、"16543"水平沟、"16542"水平沟、大鱼鳞坑、"3354"网格5种整地模式。

1. "26543"水平沟整地模式

整地规格为：整修成形的水平沟底面宽2米，长6米，外缘拦水埂高0.5米，埂顶宽0.4米，上下两沟间留水平距为3米的自然集水坡面。此模式适用于黄土丘陵区退耕地缓坡整地。实践证明，采用"26543"水平沟整地造林，能有效拦截天然降雨，造林地内的土壤含水量大大提高，苗木成活率和生长量明显提高，但是整地工程量大，大面积实施需耗费大量的劳力。

2. "16543"水平沟整地模式

整地规格为：整修成形的水平沟底面宽1米，长6米，外缘拦水埂高0.5米，埂顶宽0.4米，留水平距为3米的自然集水坡面，b坡面可间作种草。此模式适用于黄土丘陵、土石山区退耕地缓坡、斜坡整地。

3. "16542"水平沟整地模式

整地规格为：整修成形的水平沟底面宽1米，长6米，外缘拦水埂高0.5米，埂顶宽0.4米，留水平距为2米的自然集水坡面。此模式适用于黄土丘陵、土石山区退耕地缓坡、斜坡整地。

4. 大鱼鳞坑整地模式

整地规格为：成形的鱼鳞坑横径1.5米，纵径0.8米，外缘埂高0.3米，埂顶宽0.3米，成"品"字形排列。此模式适用于沟坡、零碎地块整地。

5. "3354" 网格整地模式

整地规格为：成形的"3354"网格田包括拦水埂在内为 3×3 米，拦水埂高 0.5 米，埂顶宽 0.4 米。适用于水平梯田整地。

四、选用树种、草种及生物学特性

1. 柠条

柠条又名小叶锦鸡儿、牛筋条。耐寒，能适应 -32.7℃和严寒及冬季冻土层达 1.28 米的环境；耐干旱，在年降水量 350 毫米以下的黄土丘山地，在土壤含水量 6% 的荒坡和含水量 2%~3% 的沙地上都能正常生长。不耐水湿，地下水位高的地方生长不良，积水处常引起死亡。根部具根瘤，能耐瘠薄，适生于黄土丘陵地，石质山地等。属深根性树种，地下部分大于地上部分，寿命 70 年以上，萌芽力强，耐平茬，经平茬后生长加快。

2. 沙棘

喜光耐干旱，在降水量 450 毫米以上，黄土地区能正常生长；耐水湿，能在地表 5 厘米深处含水率达 42% 的山地草原土生长。耐盐碱，能在 pH 值 9.5 的碱性土和含盐量达 1.1% 的盐渍地上生长；根系有根瘤，对土壤质地适应性较强；耐寒，能抵抗 -50℃ 的极端低温；根蘖性极强，是撩荒地上最先出现并能形成植物群落的先锋树种。适于黄土丘陵沟壑区营造水土保持林和薪炭林。

3. 山杏

根系发达，具有耐寒、耐旱、耐瘠薄等特点，能在其他一些树种不易生长的荒山荒坡上生长，在中性、石灰性的轻壤土和沙质壤土上也可生长。

4. 山桃

喜光、耐旱、耐寒、耐碱、耐瘠薄。适应性强，抗病虫害能力强，忌涝。在西北干旱、半干旱山区、丘陵沟壑区等多类土壤上均能正常生长。山桃萌蘖力强，平茬后也能快速成林。

5. 杞柳

喜在肥沃低温地方生长，萌芽力强，生长迅速，根系发达，保水固土作用显著。

6. 河北杨

落叶乔木，耐干旱、耐瘠薄，喜湿润，但不耐涝，抗生强，病虫害少。是黄土高原区主要的用材树种，能生长于瘠薄干旱的梁、峁、坡、沟等地。

7. 旱柳

喜光耐寒，在年平均温度2℃，绝对低温-42℃的条件下不发生冻害，喜湿润、耐盐碱、耐干旱。根系发达，固土能力较强。

8. 落叶松

喜光性强，幼苗喜群生不耐侧方庇荫。喜湿润凉爽气候，在年降雨600~900毫米地方生长良好喜肥沃酸性土壤，根系发达，抗风力较强。

9. 云杉

适生于湿润、荫凉气候条件，抗寒性较强，大苗能耐-25℃低温，对湿热气候适应能力较差，对土壤要求不严，耐干旱、瘠薄，较喜光，幼苗稍耐荫，浅根性，抗风性不强，幼树生长慢，20年后生长加强。

10. 紫花苜蓿

多年生豆科牧草，主根极发达，入土深2~6米，侧根主要分部于地下20~30厘米处，根颈粗大，苜蓿性喜温暖和半干燥、半湿润气候。适应性强，抗寒，能耐-30℃的低温，抗干旱，根系强大，能吸收土壤深层水分，在年降水量250~800毫米，无霜期100天以上地区均可种植，温暖干燥，有灌溉条件、土壤疏松、富含黏质，中性微碱性较肥沃壤土地区生长最好。多雨、湿热不利生长。

苜蓿幼苗嫩弱，抗旱性能差。

11. 披碱草

多年生乔本科牧草。抗旱性较强，降水量250~300毫米的条件下生长良好，根系强大，可从土深层吸水，抗寒能力强，-37℃下安全过冬，耐一定盐碱，土壤pH值8.7条件下，生长良好，不适应酸性土壤，抗风沙能力强。生育期100—120天，再生能力差，刈割一次，再生草可放牧。

12. 无芒雀麦

多年生乔本科草。根系发达，须根密集而深长，适应性强，适于寒冷干燥气候，耐干旱，大旱时休眠；耐寒性强，-35℃能越冬，对土壤要求不严，适宜400~500毫米降水的寒冷地区。

五、树种、草种配置方式

1. 黄土丘陵区

阳坡、半阳坡以山杏、山桃、柠条为主，可营造山杏与柠条的乔灌温交林或山桃、柠条的灌木混交林；阴坡、半阴坡以山杏、沙棘为主，营造山杏与沙棘乔灌混交林，阳坡缓坡地，阴坡缓坡及条件较好的斜缓坡种植以紫花苜蓿为主的多年生牧草。配置比例为阳坡灌木60%~70%，乔木占80%~20%，草占10%，阴坡乔灌各占35%，草占30%。

2. 土石山区

阳坡、半阳坡以山桃、沙棘为主，营造山桃沙棘灌木混交水保林；阴坡、半阴坡以云杉、落叶松、白桦为主，营造云杉与沙棘或落叶松与白桦的针灌混交或针阔混交，水源涵养林；阳坡缓坡种植以披碱草、紫花苜蓿为主的多年生牧草。配置比例为乔灌各占40%，草占20%。

3. 沟道、沟底及穿越工程建设区的公路两侧

营造以河北杨、旱生为主的乔木林，这些地方水分条件

相对较好，易成材，在沟底含盐量特别高的地块，营造耐盐树种柽柳。

六、造林种草密度

在设计造林密度时，既要考虑林地提早发挥蓄水保土的生态效益，又要兼顾林木后期生长发育对水肥条件的需求，因此在株行距设计上采用大行距小株距，行距方向与等高线垂直，株距方向与等高线一致。设计密度为：灌木林 3330 穴/公顷，株距 1 米，行距 3 米；乔灌混交林 2340 株（穴）/公顷，乔木株距 2 米，行距 3 米；灌木株距 1 米，行距 3 米；乔木林 1665 株/公顷，株距 1 米，行距 3 米，低于 30 万株/公顷。

七、苗木栽植技术

除采用集流蓄水整地技术之外，在造林时，对山毛桃、山杏采用截干深栽埋土抗旱造林技术。具体做法是：在春秋两季造林时，将山桃和山杏从根部以上 5~6 厘米处截去，再将截干处理后的苗木深栽，尽量使苗木根系栽到土壤水肥条件较高且相对稳定的 40~60 厘米土层中，埋土时要求将苗木切口全部盖住，埋土厚度为 5 厘米左右，防止苗木茎杆因风干失水而死亡。对针叶树采取根系带原土和裸根苗木根系蘸泥浆栽植技术，长距离运输的苗木要尽量带苗圃地原土，如果裸根苗木，栽植时要求蘸泥浆，防止苗根失水。尽量做到就地育苗、就地造林、随起苗、随造林，减少因运输而造成的苗根失水。在干旱严重的阳坡采用保水剂蘸根或苗木喷涂保水剂等抗旱造林技术措施。根据气候条件，采取春、夏、秋三季造林，提高造林成活率。

八、牧草种植技术

海拔 2100 米以上，高寒地区适宜种植披碱草，老芒麦等牧草；海拔 2100 米以下地区以种植紫花苜蓿为主。前一年秋季对耕地进行深翻细糖，蓄水保墒。翌年春季清明之后、谷雨之前抢墒播种，实行条播，行距 15~20 厘米，播深 1.5~2.0 厘米。

九、抚育管理

造林后及时进行成活率检查，对缺株，断行的地块要在造林后两年内补栽、补造，补植应采用同龄苗木，按原设计树种进行。对成活率在 40% 以下的地块，要重新造林。对因整地质量不高或被雨水冲毁的拦水埂，及时修补加固，维持保水作用；对被泥浆淤积的水平沟要及时清除淤泥，扩穴加埂，增强蓄水能力。

每年少则进行 2—3 次除草，除草要坚持除早、除小、除了的原则。同时建立健全病虫害测报制度，及时进行林木病、虫、鼠、兔害的综合防治，提高苗木保存率。

灌木树种要在郁闭成林后每隔 5—6 年平茬复壮 1 次；乔木树种按育林要求，适时适度进行修枝。

牧草幼苗期要及时清除杂草，加强病虫鼠害防治。

严禁在造林地内放牧、采药等活动，林地割草要统一组织，确保林木不受损坏。

第五节　固原市原州区红梅杏嫁接育苗技术

彭阳红梅杏是宁夏回族自治区固原市彭阳县特产，中国国家地理标志产品。以红梅杏为接穗，使用退耕还林山杏低效林的品种改优技术，对宁夏山杏低效林的改造具有一定借鉴作用和参考价值。

一、砧木苗培育

1. 种子选择及处理

红梅杏嫁接苗以山杏作砧木最好。山杏种子采集的母树应力求一致，选择当年采摘、果实充分成熟、无病虫害的杏核作为种子，进行沙藏处理催芽或秋季播种。

2. 整地播种

山杏适应能力强，地块一般选择光照充足、地势平坦、具有灌溉条件、交通便利的砂壤土或壤土。细致整地，深翻、整平、耙细。施足底肥，可施二铵 150~225 千克/公顷或腐熟的有机肥 60~75 吨/公顷。同时注意土壤消毒。在土壤解冻后（3月上旬）越早播种越好，杏树的高产栽培技术依据土壤墒情决定是否浇水。一般浇水后 7 天左右即可进行播种。一般采用宽幅条播播种，先沿东西方向开 5~6 厘米播种沟，沟间距 20 厘米，种子间距为 3~4 厘米，覆土 4 厘米厚，覆土后要稍加镇压，以利保墒。

3. 砧木苗管理

第一次间苗在幼苗长出 2~3 片真叶时进行，除去拥挤、过密的小苗、弱苗。第二次间苗（定苗）在苗长出 5~6 片真叶、苗高 20 厘米时进行，去弱留强，苗距保留 10~15 厘米。第二次间苗以后，一般结合施肥，14 天左右灌 1 次水，并及时松土、除草，保持土壤墒情，以利幼苗生长。同时要注意防治杏象甲和蚜虫，杏象甲用来福灵 2500 倍液喷洒防治；蚜虫用 10% 吡虫啉 3000~4000 倍液防治。

二、接穗采集

育苗所用的接穗必须选择无病虫害、树势健壮、品种优良纯正的红梅杏母株或母树林采穗，采集树冠外围芽眼饱满、生长充实的发育枝或枝上的芽作接穗。夏季和秋季嫁接所用的接穗，应根据嫁接时间采集，随采随用。注意接穗采后要立即摘叶（留叶柄）。一时用不完的接穗应放于冷凉处，并进行保湿，如果到外地远距离采接穗，必须做好接穗的保湿运输工作。春季嫁接所用的接穗，可在落叶后至萌芽前结合修剪采剪。采后埋入湿砂中贮藏，嫁接时随用随取。

三、嫁接

1. 芽接

芽接是杏树育苗嫁接中应用最广泛的一种方法，具体嫁接方法主要有带木质部芽接和 T 形芽接法。带木质部芽接法又叫嵌芽接，此法在生活上用的较多。其优点是一年四季均可嫁接，不受枝条是否离皮的限制；因接芽带木质不损伤芽片内的维管束，嫁接成活率高，苗木生长势强。其嫁接方法是：左手倒拿接穗枝条，右手用刀从芽的上方 1~2 厘米处向下，斜削 1 刀，深入木质部，长约 3 厘米；再从芽的下方 1 厘米处，大约 45 度斜切 1 刀，取下带木质部的芽片；芽片一般要求 2~3 厘米为宜，厚度为接穗粗度（直径）的 1/5~1/4，具体可根据接穗的粗度灵活掌握；再用同样的方法在砧木距地面 10 厘米左右处的光滑部位，削成与接穗芽片基本相同或稍长的切口，然后将芽片插贴于砧木切口上，插入芽片后应使芽片上端露出一线宽窄的砧木皮层，最后用塑料薄膜绑缚即可。T 形芽接法又称盾片芽接法，即在接穗芽的上方 0.5 厘米处横切 1 刀，再从芽的下方 1.5 厘米处向上削入木质部至上切口处，然后取下 2 厘米大小的盾形芽片；再在砧木的基部 10 厘米左右处切一 T 形刀口，将接芽插入砧木的切口，使接芽上端与砧木横切口对齐贴紧，然后用塑料条绑严即可。

2. 枝接

枝接一般是在春季树液开始流动尚未发芽时，其方法较多，其中劈接法是生产上应用较多的一种方法。嫁接时先将砧木从基部 5~10 厘米的光滑处剪截，断面要平滑，然后在断面中心垂直劈开，深 3~4 厘米。接穗选择具有 2~3 个饱满芽的枝段，在下部芽左右两侧各削一长 3~4 厘米的楔形双斜面。使有芽的一侧稍厚，另一侧稍薄。然后将接穗稍厚的一面朝外插入砧木劈口中，使砧木与接穗的形成层对齐，接穗削面上端应高出砧木切口 0.1~0.5

厘米，即称"露白"这样有利于愈合，然后用塑料条绑严扎紧。干旱地区，为防止接穗失水干燥而影响成活，可用蜡或油漆涂封接穗上端剪口，也可绑后埋入土中。

四、嫁接苗管理

1. 芽接苗管理

嫁接后一般 15 天左右检查接芽是否成活，成活的接芽一般 25 天即可解绑条，解绑的同时将砧木从接芽上 3~5 厘米处折断。待接芽萌发生长时，再于接芽上方 0.5 厘米左右处剪砧。剪口向接芽对面稍倾斜，以利愈合。未成活的应及时补接。

2. 枝接苗管理

枝接成活接穗发芽生长后，大约 30 天，留 1 个生长健壮的新梢，其余的剪掉，集中养分促进苗木生长。同时解除绑条，以免影响加粗。加强肥水管理，经常中耕除草，并注意防治病虫害。

第六节　六盘山区退耕林地山桃高接换头技术

西吉县退耕还林面积中山杏、山桃所占比重较大，栽植总面积达 3.2 万公顷，适宜嫁接改良的约有 1.3 万公顷。为了加快退耕还林后续产业发展，增强退耕农户的收入，更好地巩固退耕还林成果，必须加大低产山杏、山桃的高接改良，将现有山桃、山杏嫁接为效益较高的杏梅、接杏、仁用杏等品种。为探索管理和实施技术，西吉县于 2013—2015 年在 3 个乡的 4 个村进行试点实施了 2000 公顷退耕林地山杏、山桃高接换头工程，嫁接成活率达 95% 以上。

一、换头前准备工作

1. 接穗品种的选择

西吉县试点阶段，选择了大接杏、杏梅、仁用杏、陕西毛桃四种，其中大接杏选择张弓元、兰州大接杏、凯特三个品种。从成活率和生长情况看，大接杏和杏梅最适应西吉县推广。

2. 接穗与采集

在进行高接换头的过程中，首先要进行大规模的接穗，但接穗质量的高低，在很大程度上直接关系到嫁接的成活率。因此，在进行接穗前，需先做好采集、保管等工作。在推广的阶段应坚持就近采集为主、外调为辅的原则，因此，应尽量选择在田坪乡上牛、兴平乡聂家河等地进行采集。

选择的接穗应满足芽体饱满、生长苗壮、无病害以及优良品种的一年壮枝，且还应满足粗体在 0.6~1.0 厘米之间，其中，西吉县穗条采集的时间应在 3 月中上旬期间，此时的天气较暖，花芽、树叶均开始萌动，枝条也开始变得红润、柔软。对于采集好的接穗，要按 100 根/捆进行绑捆，并做好标记，在运至换头地沙藏。

3. 接穗的贮藏

穗条要及时进行低温保湿贮藏，温度要低于 4 ℃，湿度要达到 90% 以上。

（1）接穗窖藏。窖藏是对接穗进行贮藏的有效方法之一，在进行窖藏时，要先在窖内垫铺水洗沙，且垫铺的厚度要在 10 厘米左右；再在将接穗的下半部分掩埋入湿沙内；其中捆与捆间要用湿沙进行隔离，之后将窖口封严。贮藏的过程中，应定期查看沙的湿度与温度，以免穗条失水或发霉。

（2）接穗坑藏。坑藏接穗时，应尽量选择通风效果较好、不易积水且背阴的地方，坑宽约 100 厘米、深约 80 厘米，长度则根据接穗的量进行设定。坑藏所选用的沙子湿度应以手捏成块、松手后稍碰即散为最佳。坑藏前，应先在坑底铺一层薄纱，再在将种条按照统一芽向平铺在坑内，同时进行分层覆沙，但不超过两层，最上面的一层沙子厚度约为30厘米。最后进行接穗贮藏时，应每隔一米竖一根立杆，以确保接穗的通透。

4. 其他材料的准备

准备好嫁接所需的其他用品，如果树剪、嫁接刀、手锯、塑料等。包扎用的塑料要切成不同宽度，视其砧木粗细灵活选用。

二、嫁接品种

嫁接品种以杏梅、大接杏、油桃等为主，大接杏品种以兰州大接杏为主。

三、苗木选择

选用Ⅰ、Ⅱ级嫁接成品苗，地径≥1.0厘米，要求生长健壮、木质化程度好、根系发达、顶芽饱满、无失水、无损伤。

四、嫁接时间

3月10日至4月10日是嫁接最佳实施阶段。

五、人员安排

根据各乡实际情况，按照每村一名技术人员的原则，先组织培训嫁接人员，使嫁接人员熟练掌握嫁接技术，确保嫁接成活率。

六、山桃嫁接的技术

1. 劈接

劈接主要是取砧木光滑的部位进行嫁接，将断面削平后用劈刀沿着砧木的中点，垂直劈开约4~5厘米。选择有3~4个芽的接穗后用劈刀沿着两侧进行削面，使接穗的下部分呈楔形状，将削好的接穗插入到砧木的劈接口，并检查形成层是否对齐，最后采用塑料布将其绑好、封顶。

2. 皮下枝接

皮下枝接主要是在离皮的砧木上进行，将接穗插入到木质部和砧木的断面皮层中，并根据断面的面积和大小决定插入接穗的数量。砧木嫁接的部位，尽量选择光滑处，将其锯断或剪断，锯或剪断的过程中，应尽量确保锯或剪断面的平滑。接穗应尽量选择上部有 2~3 个芽的枝条，用刀将接穗下部削长，削面长度应控制在 3~5 厘米之间；再在将削面背面的皮削去。在砧木切口下的光滑部位处切割出一个比接穗削面短的纵向切口，使其能够达到木质部。

七、嫁接后的管理措施

喷药：嫁接后，须做好病虫害的预防工作，及时喷擦农药。

抹芽：通常情况下，砧木在嫁接 10 日后萌芽，因此，应及时对其进行抹芽，以免影响到接穗的生长。

松绑、解绑：在新梢长至 20 厘米后，须及时对其进行松绑或解绑，以免出现缢痕，引起风折。

防风：在第一次松绑后，须及时在砧木上捆绑小木混，并将新梢捆绑至木棍上，以免风折。

摘心：对于生长比较旺盛的枝条，须及时进行摘心处理，进而促进新梢的成熟，增强新梢抗风、抗旱的能力。

松土、除草、施肥：清除林木周围约一米范围内的杂草，对于生长缓慢的树木，须及时追肥。

第七节　杏树嫁接技术规程

杏树耐寒、耐旱、耐瘠薄，在黄河流域广泛分布，杏树资源非常丰富。杏树嫁接可以保持母本的优良特性，提高抗逆性，改良品质，促进杏树丰产。杏树嫁接能够充分利用这些宝贵的资源发展杏产业。但是，在生产实践中，只有严格按照技术规程操作，才能使嫁接成功，达到改良品种、优质高产的栽培目的。

一、接穗的选择与采集

采集接穗要选择树体健壮，无病虫害，生长和结果良好的成年树。枝接用的接穗，要选用生长充实健壮的发育枝，或徒长性的结果枝，取中间段做接穗。采集时间从落叶后到萌芽以前，采集的接穗按不同品种标记置于湿冷地方，埋上河沙储存备用。接穗和河沙必须全部接触，不能整捆埋藏。贮藏温度在 0~5℃，河沙湿度在 60% 以上。为防止接穗失水，最好随采随接。接穗需要运输时必须用薄膜包好，中间填上保湿材料，也可将剪好的接穗在 90~105℃的石蜡熔化液中迅速蘸上薄薄一层石蜡，冷却后放在阴凉处待用，效果良好。春季带木质部芽接，要选用生长充实的一年生枝中下部未萌发的饱满芽做接穗，随用随采。夏秋季芽接用的接穗，用当年生枝条，采下枝条后，应立即剪去叶片，留下 1 厘米长的叶柄，以减少水分蒸发和便于嫁接时操作和检查成活率。如果马上嫁接，可用湿布包裹或将接穗下端放入冷水中。如需贮藏，可存放在潮湿阴凉温度变化小的地窖中。

二、嫁接时期

嫁接时期有春季嫁接和夏秋季嫁接。一般春天多用枝接，时间为树液开始流动，即从芽萌发膨大到展叶之前最好，一般 20 天左右。夏秋季嫁接，多用芽接，时间为 7 月上旬到 8 月下旬。

三、嫁接方法

芽接常用 T 字形芽接和嵌芽接，枝接常用舌接和劈接。

1.T 字形芽接

手握接穗在芽体下端 1.5 厘米处推刀到芽体前 0.5 厘米，然后在芽体前端 0.5 厘米处横切一刀，深达木质部，取芽时不带木质部，注意防止撕去芽片内侧的维管束。同样在砧木上切一 T 字形切口，深达木质部，长宽比接芽稍大一些，剥开后插入芽片，注意芽片上端与砧木切口紧密相接，然后加以绑缚。

2. 嵌芽接

嵌芽接也称带木质芽接。削芽方法是用手倒握接穗，即芽尖朝下，先在距芽基部 3~5 毫米处斜向下削一刀，深达木质部 1~2 毫米，然后在距芽尖 1 毫米左右处入刀，深达木质部 1~2 毫米，推刀至第一刀的深度，即取下 1 个带有薄层木质部的芽片。在要嫁接的光滑处手握砧木，砧木的切口稍大于芽片，迅速将削好的芽片嵌入砧木切口，对准形成层，再用塑料条绑扎严实，叶柄最好外露，以便于检查嫁接成活情况。

3. 舌接

当砧木与接穗粗度相差不大时可采用此方法。在接穗基部芽的同侧削一马耳形削面，长约 3 厘米，然后在削面尖端 1/3 处下刀，与削面接近平行切入一刀（不要垂直切入），砧木同样切削。然后将两个削面合在一起，若接穗和砧木粗度不一致，则插合时一边对齐。接后立即用薄膜将接口与接穗一同绑扎结实，不要透气。

4. 劈接

将砧木用剪刀剪齐，把枝接刀垂直放在砧木中间，用力下按，力度适当，切口方向与风向垂直。砧木劈开长度 3~4 厘米，不宜过长，以防止包扎不严造成切面氧化，影响成活。剪接穗 8~10 厘米，下端切成楔形斜面，斜面 3~4 厘米长。将接穗垂直插入砧木切口中，注意使接穗和砧木的一侧形成层对齐，用薄膜绑扎结实。

四、嫁接苗的管理

1. 检查成活和补接

夏秋芽嫁接 10—15 天后即可检查成活情况，凡接芽新鲜，叶柄一碰即掉的即已成活，没有成活的要及早补接。

2. 剪砧

7—9 月芽接的，在第二年春季萌芽前剪砧木，以利接芽萌发和生长。剪口应在接芽上部 1 厘米处。

3. 解除捆绑物

春季枝接成活后，嫩枝长到 25 厘米左右时要及时解除捆绑物，以免加粗生长受到影响和塑料条陷入皮层，同时，立支柱固定，防止风刮折断。7—9月芽接的不要急于解除捆绑物，可以保护芽片过冬，等第二年萌发再解。

4. 抹芽和除萌

嫁接成活剪砧后，砧木本身会发生很多萌蘖，为使营养集中供应接芽，应及早抹去萌蘖，可1周左右进行1次。

5. 土肥水管理与病虫害防治

嫁接苗生长前期，应尽可能促进生长，扩大根系，增加枝叶量。杏苗怕水湿，土壤水分不易过多，结合灌水每亩可施氮肥10千克或对叶面喷施尿素。春季接芽萌发后的嫩枝，嫩叶容易受卷叶虫、蚜虫的危害，应注意防治。

五、苗木的出圃、假植、包装和运输

1. 苗木出圃

杏树苗一般2年即可出圃。在本地秋季起苗可在10月下旬到11月上旬进行，必须假植。春季起苗一般在解冻后萌芽前进行，不必假植。出圃后直接定植，成活率高。

2. 假植

假植分为临时假植和越冬假植两种。临时假植方法简单，只要用湿土埋上苗根即可。越冬假植是指苗木秋季出圃，春天栽植，假植沟一般深60~80厘米，宽100~150厘米，长度视苗木多少而定。将苗木斜向顺放在沟内，用湿沙或疏松的湿土盖严根系，在大寒到来之前，需将苗木全部用土封严，防止抽干和受冻，埋土最好分2~3次完成，最后加至30~40厘米厚。

3. 包装和运输

凡异地栽植需要运输的苗木，必须包装。包装材料可选用草帘、草袋等，填充物可用锯末等潮湿物。包装的苗木每10株为一小捆，20株或50株为一大捆，包装后用草绳捆紧，挂上标鉴，注明品种、数量、等级、出圃日期、收苗地点和单位。做长途运输时,尽量缩短运输时间并喷水保湿。

第八节　红梅杏嫁接育苗技术

山杏根系发达,具有耐寒、耐旱、耐瘠薄的生物学特性。红梅杏采用山杏作砧木,是一种很好的绿化、观赏树种及改善生态环境的优先树种,也是经济林发展的主要方向。推广普及红梅杏的嫁接育苗技术,对发展杏产业具有重要作用。

红梅杏又名新疆杏,用途广,经济价值高。杏个不大,味道甜,色泽好,品种纯,存放时间长,不易变味,营养丰富,含有多种有机成分和人体所必需的维生素及无机盐类,是一种营养价值较高的水果。杏仁的营养更丰富,杏果有良好的医疗效用。此外,红梅杏采用山杏做砧木,因此根系发达,具有耐寒、耐旱、耐瘠薄的生物学特性;也是一种很好的绿化、观赏树种及改善生态环境的优先树种,也是经济林发展的主要方向。红梅杏栽植苗主要选择1—2年生山杏苗做良好砧木、采取芽接或枝接嫁接而来。据试验,平均苗高1.4米,基径1厘米以上,优质大苗占95%以上,苗圃地出成品苗达15万株/公顷。

一、砧木苗培育

1. 种子选择及处理

红梅杏嫁接苗以山杏作砧木最好。山杏种子采集的母树应力求一致。选择当年采摘、果实充分成熟、无病虫害的杏核作为种子,进行沙藏处理催芽或秋季播种。

2. 整地播种

山杏适应能力强,地块一般选择光照充足、地势平坦、具有灌溉条件、交通便利的砂壤土或壤土。细致整地,深翻、整平、耙细、施足底肥，可施二铵 150~225 千克/公顷或腐熟的有机肥 60~75 千克/公顷。同时注意土壤消毒，在土壤解冻后（3 月上旬）越早播种越好，依据土壤墒情决定是否浇水。一般浇水后 14 天左右即可进行播种。一般采用宽幅条播播种，先沿东西方向开 5~6 厘米播种沟，沟间距 20 厘米，种子间距为 3~4 厘米，覆土 4 厘米厚，覆土后要稍加镇压，以利保墒。

3. 砧木苗管理

第一次间苗在幼苗长出 2~3 片真叶时进行，除去拥挤、过密的小苗、弱苗。第二次间苗（定苗）在苗长出 5~6 片真叶、苗高 20 厘米时进行，去弱留强，苗距保留 10~15 厘米。第二次间苗以后，一般结合施肥，14 天左右灌 1 次水，并及时松土、除草，保持土壤墒情，以利幼苗生长。同时要注意杏象甲和蚜虫的防治，杏象甲用来福灵 2500 倍液喷洒防治；蚜虫用 10% 吡虫啉 3000~4000 倍液防治。

二、接穗采集

育苗所用的接穗必须选择无病虫害、树势健壮、品种优良纯正的红梅杏母株或母树林采穗，采集树冠外围芽眼饱满、生长充实的发育枝或枝上的芽作接穗。夏季和秋季嫁接所用的接穗，应根据嫁接时间采集，随采随用。注意接穗采后要立即摘叶（留叶柄）。一时用不完的接穗应放于冷凉处，并进行保湿。如果到外地远距离采接穗，必须做好接穗的保湿运输工作。春季嫁接所用的接穗，可在落叶后至萌芽前结合修剪采剪。采后埋入湿砂中贮藏，嫁接时随用随取。

三、嫁接

1. 芽接

芽接是杏树育苗嫁接中应用最广泛的一种方法，其具体嫁接方法主要有带木质部芽接和 T 形芽接法。带木质部芽接法又叫嵌芽接，此法在生活上用的较多。其优点是一年四季均可嫁接，不受枝条是否离皮的限制；因接芽带木质不损伤芽片内的维管束，嫁接成活率高，苗木生长势强。其嫁接方法是：左手倒拿接穗枝条，右手用刀从芽的上方1~2厘米处向下斜削1刀，深入木质部，长约3厘米；再从芽的下方1厘米处大约45°角斜切1刀，取下带木质部的芽片；芽片一般要求2~3厘米为宜，厚度为接穗粗度（直径）的1/5~1/4，具体可根据接穗的粗度灵活掌握；再用同样的方法在砧木距地面10厘米左右处的光滑部位，削成与接穗芽片基本相同或稍长的切口，然后将芽片插贴于砧木切口上，插入芽片后应使芽片上端露出一线宽窄的砧木皮层，最后用塑料薄膜绑缚即可。T形芽接法又称盾片芽接法，即在接穗芽的上方0.5厘米处横切一刀，再从芽的下方1.5厘米处向上削入木质部至上切口处，然后取下2厘米大小的盾形芽片；再在砧木的基部10厘米左右处切一T形刀口，将接芽插入砧木的切口，使接芽上端与砧木横切口对齐贴紧，然后用塑料条绑严即可。

2. 枝接

枝接一般是在春季树液开始流动尚未发芽时，利用头年的砧木和接穗进行嫁接。其方法较多，其中劈接法是生产上应用较多的一种方法。嫁接时先将砧木从基部5~10厘米的光滑处剪截，断面要平滑，然后在断面中心垂直劈开，深3~4厘米。接穗选择具有2~3个饱满芽的枝段，在下部芽左右两侧各削一长3~4厘米的楔形双斜面。使有芽的一侧稍厚，另一侧稍薄。然后将接穗稍厚的一面朝外插入砧木劈口中，使砧木与接穗的形成层对齐，接穗削面上端应高出砧木切口0.1~0.5厘米，即称"露白"，这样有利于愈合，然后用塑料条绑严扎紧。干旱地区，为防止接穗失水干燥而影响成活，可用蜡或油漆涂封接穗上端剪口，也可绑后埋入土中。

四、嫁接苗管理

1. 芽接苗管理

嫁接后一般15天左右检查接芽是否成活。成活的接芽一般25天即可解绑条，解绑的同时将砧木从接芽上3~5厘米处折断。待接芽萌发生长时，再于接芽上方0.5厘米左右处剪砧，剪口向接芽对面稍倾斜，以利愈合。未成活的应及时补接。

2. 枝接苗管理

枝接成活接穗发芽生长后，大约30天，留1个生长健壮的新梢，其余的剪掉，集中养分促进苗木生长。同时解除绑条，以免影响加粗。加强肥水管理，经常中耕除草，并注意防治病虫害。

主要参考文献

中国科学院中国植物志编辑委员会《中国植物志》，科学出版社2014年版。

赵养昌、陈元清《中国经济昆虫志》第二十册，科学出版社1980年版。

高新一《果树嫁接技术图解》，金盾出版社2017年第2版。

《宁夏回族自治区林业局公告》2011年第1号。

李勇、张旭玲《红梅杏嫁接育苗技术》，载于《现代农业科技》2012年第5期。

海晓明《固原市原州区红梅杏嫁接育苗技术探讨》，载于《现代园艺》2015年第11期。

白银《六盘山区退耕林地山桃高接换头技术》，载于《林业科技》2016年第4期。

李元《杏树嫁接技术规程》，载于《宁夏农林科技》2006年第2期。

马兰萍《宁夏山区退耕林地山杏高接换种技术》，载于《农家科技》2019年第1期。

杨建富、康晓兰、王富吉《宁夏南部干旱山区退耕还林技术初探》，载于《防护林科技》2005年增刊第1期。

玛依努尔·吐拉洪《新疆阿克苏地方品种库车小白杏高效丰产栽培技术》，载于《果树实用技术与信息》2014年第4期。

FULU

附 录

附录一

宁夏回族自治区林业局公告

2011 年第 1 号

根据《中华人民共和国种子法》第十六条规定,现将宁夏回族自治区林木品种审定委员会审定通过的蒙古莸、杠柳、华山松六盘山种源、红桦六盘山种源、白桦六盘山种源、暴马丁香、金花忍冬、红梅杏8个品种和认定通过的串枝红杏、金太阳杏、曹杏、丝棉卫矛4个品种作为林木良种予以公告(详见附件)。自公告发布之日起,这些品种在林业生产中可以作为林木良种使用,并严格在本公告规定的适宜种植范围内推广。

特此公告。

附件:林木良种名录

二〇一一年十二月十六日

附件

林木良种名录（节选）

审定通过品种

8. 红梅杏

树种：杏

学名：*Armeniaca vulgaris* Lam. 'hongmei'

类别：驯化树种

通过类别：审定

良种编号：宁 S-ETS-AV-008-2011

用途：经济林

选育人：耿峻、杨虎、袁仁、杨正德、李国、雷丽萍、方登伟、韩占良、蔺少刚、魏国宁、杨伟、章冉、唐建宁、牛锦凤、李宝旗、李北草、何鹏力、李瑞鹏、曹风玲、马占芳、胡吉鸿、赵娟、翟红霞

申请单位（人）：宁夏彭阳县林业局、宁夏林业技术推广总站、宁夏林业产业发展中心

品种特性：

树冠较开张，树势丰产。7 年生平均亩产 1500 千克，平均单果重 29~34 克，最大单果重 43 克。6 月下旬成熟，采摘期 20 天，一般条件下贮藏期 7 天左右。果实近圆形，甜仁，离核。果皮底色近红色，皮薄，少绒毛。果肉汁多，味甜，色泽艳丽，香气浓郁，口感香脆，不易变味。果肉含总糖 10.09%，总酸 1.20%，维生素 C 8.26 毫克/100 克，硒 0.0037 毫克/千克，钾 4108.4 毫克/千克。

鲜食品种。

栽培技术要点：

1. 苗木培育

以山杏作砧木嫁接培育苗木。春季嫁接，嫁接可采用劈接、皮下接等方法。

2. 建园

（1）整地：丘陵沟壑区采用"88542"隔坡反坡水平沟整地；流域小平原地带可穴状整地。

（2）栽植：春季或秋季。丘陵区退耕还林地宜采用1米×2米的株行距；平原经济林地宜采用3米×4米的株行距。栽植穴80厘米×80厘米×80厘米。选用2年生嫁接苗，苗木地径要求达到0.8厘米以上。

3. 抚育管护

（1）土肥水管理：每年秋季对树盘进行扩穴松土1次，春秋季中耕除草2次，秋季结合扩穴松土每亩施有机肥2500千克。生长期间根据结果产量和季节不同，适当追肥，每亩40千克左右。

（2）整形修剪：以自然开心形为主。夏季修剪主要是抹芽、摘心、开张角度、疏枝等控制树冠，同时采用疏花疏果等措施，限制结果量，提高优质果率。冬季修剪以短截、疏除衰弱枝组等方法培养主枝，以形成强大的树体骨架。

（3）病虫害防治：及时防治杏疔病、杏树流胶病、蚜虫等病虫害。

4. 山杏高接换头技术

采集芽体饱满的一年生红梅杏枝剪取接穗。选择退耕地或林地栽植的6—7年生山杏为砧木，于3月下旬进行嫁接。嫁接方法可采用劈接法。接穗成活后，当年应除萌4—5次，除草3次以上。在新梢达到25厘米时要立支柱，防止风折。新梢长到60厘米时，及时摘心 2—3 次。在雨季或灌水前，每亩应施入 40 千克氮肥和 15 千克磷肥，加强蚜虫、金龟子等病虫害的防治。

适宜种植范围

宁夏南部山区的彭阳县，以及原州区东部的黄土丘陵沟壑区。

认定通过品种

1. 串枝红杏

树种：杏

学名：*Armeniaca vulgaris* Lam. 'chuanzhihong'

类别：国内引种

通过类别：认定（5 年）

良种编号：宁 R-ETS-AV-001-2011

用途：经济林

选育人：耿峻、杨虎、袁仁、杨正德、李国、雷丽萍、方登伟、韩占良、蔺少刚、魏国宁、杨伟、章冉、牛锦凤、李宝旗、李北草、何鹏力、李瑞鹏、曹风玲、马占芳、胡吉鸿、赵娟、翟红霞

申请单位（人）：宁夏彭阳县林业局、宁夏林业技术推广总站、宁夏林业产业发展中心

品种特性：

树形多呈半圆形，树势较强，树姿开张，主干粗糙。4 年生平均亩产 1269 千克，平均单果重 52.6 克。6 月下旬成熟，采摘期 20 天，一般条件下贮藏期 10 天左右。果体中型，口感甜酸，甜仁，离核。果面红润，底色橙色，阳面紫红色，梗洼较深。果顶凹陷，缝合线较深，肉片不对称。果肉细密、汁多、味美，易剥皮。果肉含总糖 6.92%，总酸 2.46%，维生素 C 4.03 毫克/100 克，硒 0.00386 毫克/千克，钾 3271.18 毫克/千克，还富含蛋白质、

钙、磷等营养物质。鲜食和加工兼用型品种。

栽培技术要点：

1. 苗木培育

以山杏作砧木嫁接培育苗木。春季嫁接，嫁接可采用劈接、皮下接等方法。

2. 建园

（1）园地选择：宜选择背风向阳，地势较高，排水良好，土层深厚的地块建园。

（2）选用壮苗：苗高80厘米以上，地径超过0.8厘米，嫁接口愈合完好，根系完整。

（3）栽植时间：春季或秋季，以秋季为好。

（4）栽植方法：根据定植密度挖宽、深各80厘米的定植穴或沟，在底部铺20厘米厚的秸秆，在表土层中掺入适量的有机肥和磷钾肥，混匀后填入坑底。栽植深度以浇过定植水后根茎交接处与地面持平为宜，定植后灌足水。在定植时与配套品种可按2∶1的比例配植授粉树。密植的株行距为（1~2.5）×2~3米，稀植的为（3~4）×4米，保护地株行距采用（0.8~1.2）×1.5米。

3. 抚育管护

（1）土肥水管理：幼树（1—3年）薄肥勤施，每2个月追肥1次，追肥以速效氮肥为主。丰产树（定植第4年起）重施3次肥，第1次于发芽前施春肥，以速效氮肥为主。第2次施夏肥，于6月下旬采果后施用，为翌年丰产打下基础。第3次为秋施基肥，于9月下旬至10月上旬结合扩穴改土施用。生长期可根据生长需要进行叶面喷肥。在夏初或秋末进行树盘覆草，覆盖材料可用杂草、玉米秸秆等。从第二年秋季开始，结合秋施基肥进行，从定植沟或定植穴逐年向外扩翻，最终达到全园深翻的效果。

（2）整形修剪：采用V字形整形。修剪疏密间旺，着重培养短果枝和花束状果枝。

（3）花果管理：在定植第2年要促花，6月下旬、7月中旬各喷200~300倍15%的多效唑1次。进入丰产期后，为了控制树冠生长，应结合保果，于4月底、5月初喷2次300倍15%多效唑或200倍PBO。在盛花期喷20ppm赤霉素，5月底喷300倍15%多效唑控制旺长，减少落果。10月中旬喷50ppm赤霉素，提高第二年坐果率。

（4）病虫害防治：在休眠期清理田间落叶、落果，结合修剪，去掉枯枝和病虫枝，刮除老树皮，树干涂白，消灭越冬害虫和病菌。

可应用于山杏高接换头。

适宜种植范围

宁夏南部山区的彭阳县、以及原州区东部的黄土丘陵沟壑区。

2. 金太阳杏

树种：杏

学名：*Armeniaca vulgaris* Lam. 'jintaiyang'

类别：国内引种

通过类别：认定（5年）

良种编号：宁R-ETS-AV-002-2011

用途：经济林

选育人：耿峻、杨虎、袁仁、杨正德、李国、雷丽萍、方登伟、韩占良、蔺少刚、魏国宁、杨伟、章冉、牛锦凤、李宝旗、李北草、何鹏力、李瑞鹏、曹风玲、马占芳、胡吉鸿、赵娟、翟红霞

申请单位（人）：宁夏彭阳县林业局、宁夏林业技术推广总站、宁夏林业产业发展中心

品种特性：

树势中庸，树姿开张，萌芽率中等，成枝力强，中长枝易弯

曲。7年生平均亩产2000千克，平均单果重66.9克。6月上旬成熟，采摘期20天左右，贮藏期5天，不耐长途运输，易磕碰。果实近圆球形，果顶平，缝合线浅，两半部对称。果面光洁，底色金黄，阳面着红晕。果肉黄色，肉质细腻多汁，纤维少，离核。果肉含总糖6.94%，总酸1.32%，维生素C 4.84毫克/100克，硒0.00378毫克/千克，钾2376.87毫克/千克。以鲜食为主，加工兼用型品种。

栽培技术要点：

1. 苗木培育

以山杏作砧木嫁接培育苗木。春季嫁接，嫁接可采用劈接、皮下接等方法。

2. 建园

（1）园地选择：宜在土层深厚，肥力较好，土质为壤土、沙壤土的地块建园。不宜在低洼地建园。

（2）整地：每亩施3000~5000千克腐熟的有机肥，50kg的N、P、K三元复合肥，全面整地。

（3）栽植：3米×4米株行距，80厘米×80厘米×80厘米定植穴，穴底覆20厘米厚的秸秆杂草，再翻入20厘米的土压实杂草。以（8~10）：1配置授粉树。栽植时选植株健壮、芽饱满、侧根多的优质苗木于4月上中旬按定植，定植后及时覆膜。50~60厘米处定干。

3. 抚育管护

（1）土壤管理：栽后每年结合秋施基肥，进行深翻扩穴。幼树冬季在树盘覆草，利于苗木抗冻越冬。

（2）施肥：施肥分基肥、追肥和根外追肥。基肥以秋施为最好，一般在9月下旬到10月上旬进行。基肥以厩肥、堆肥、人粪尿为主，配施氮、磷、钾复合肥。栽植当年追肥3次，第1次是当新梢长到20厘米时，株施尿素50克。第2次是7—8月份追100~150克氮磷钾三元复合肥。第 3 次是 9 月份再追 1 次 100~200 克复合肥。第 2 年以后亦分 3 次追肥。分别在萌芽前、5 月中下旬和采果后。对于当年栽幼树，当新梢长到 20 厘米时喷 0.3％的尿素，每隔 15~20 天喷 0.3％磷酸二氢钾，连喷 3 遍。以后根据树体大小、树势强弱每年实时进行叶面追肥。

（3）浇水：春季萌芽前浇一次水，花期应严格控制水量，雨季要疏通排水沟及时排除积水。

（4）花果管理：花量少气温低时要进行人工辅助授粉，花期要喷 0.3％的硼砂 +0.3％尿素。花量大时要注意疏花，花后两周疏除病虫果、小果、畸形果。

（5）整形修剪：以多主枝开心形为主。幼树及时摘心控梢，以促发分枝增加枝量。夏季修剪以疏密枝、弱枝为主。冬季修剪要截、放、疏、缩结合，注意培养预备枝和更新多年生结果枝。

（6）病虫防治：及时防治穿孔病、杏疮痂病、炭疽病等。

可应用于山杏高接换头。

适宜种植范围

宁夏南部山区的彭阳县、以及原州区东部的黄土丘陵沟壑区。

3. 曹 杏

树种：杏

学名：*Armeniaca vulgaris* Lam. 'cao'

类别：国内引种

通过类别：认定（5 年）

良种编号：宁 R-ETS-AV-003-2011

用途：经济林

选育人：耿峻、杨虎、袁仁、杨正德、李国、雷丽萍、方登伟、韩占良、蔺少刚、魏国宁、杨伟、章冉、牛锦凤、李宝旗、李北草、

何鹏力、李瑞鹏、曹风玲、马占芳、胡吉鸿、赵娟、翟红霞

申请单位（人）：宁夏彭阳县林业局、宁夏林业技术推广总站、宁夏林业产业发展中心

品种特性：

树势强，树冠较为开张，呈圆头型，结果枝多，短粗。7年生平均亩产1500千克，平均果重35克，果大果重62.5克。7月中下旬果实成熟，采摘期20天左右，贮藏期7—8天。果实呈扁圆形，甜仁，离核。缝合线中深，两半部不对称。果顶圆，顶洼中深。果皮底色橙黄色，阳面鲜红，果皮薄，茸毛少。果肉橙黄色，近果核处微黄，肉质柔软致密，纤维极少，成熟一致，浆液多，味甜，香气较浓。果肉含总糖9.17%，总酸1.30%，维生素C 8.67毫克/100克，硒0.0037毫克/千克，钾3758.51毫克/千克。鲜食品种。

栽培技术要点：

1. 苗木培育

以山杏作砧木嫁接培育苗木。春季嫁接，嫁接可采用劈接、皮下接等方法。

2. 建园

（1）园地选择：选择土层深厚、土壤肥沃、排水良好、能防止早春寒流侵袭和花期霜害较轻的地方建园。

（2）整地：结合深翻园地施足基肥，亩施农家肥4000~5000千克。

（3）栽植：栽植密度以3米×4米为宜，采取挖坑（1米×1米×1米）栽植，随起苗，随栽植。

3. 抚育管护：

（1）施肥：基肥采取秋施，结合扩穴深翻进行，以有机肥为主，幼树每株25~50千克，初果树50~100千克，盛果树100~150千克。追肥分4次进行，分别在发芽前、开花后、硬核

始期、硬核中期，株施尿素 0.5 千克，硫铵 1 千克，促使幼果生长，加快花芽分化。

（2）保花保果：在生长期应对辅养枝进行环剥，提高花芽质量，减少败育花。夏季多次摘心，延长新梢、副梢生长；在花期喷 7%~10% 石灰液延迟花期 3—5 天；花芽膨大期喷 500~2000ppm 青鲜素推迟花期 4—6 天；盛花期喷水或喷 0.3%~0.5% 尿素 +0.3% 硼酸，提高座果率。

（3）整形修剪：以疏散分层型或自然圆头型为宜。幼树修剪要及早留好主枝，配备好侧枝，多留辅养枝。修剪时要对各级骨干枝延长头适度短截，对内膛枝要重剪，对衰弱的枝组要及时重缩，更新结果枝组。

（4）病虫害防治：及时防治杏疔病、流胶病、食心虫、蚜虫、红蜘蛛等病虫害。可应用于山杏高接换头。

适宜种植范围

宁夏南部山区的彭阳县、以及原州区东部的黄土丘陵沟壑区。

附录二

西吉县宁南地区"两杏"提质增效关键技术集成与示范项目实施方案

1. 项目基本情况

通过综合应用"宁南地区'两杏'提质增效关键技术集成与示范"和红梅杏高接换头（良种编号：宁 S-ETS-AV-008-2011）等核心成果技术，示范推广露地杏树霜期拱棚覆盖避霜技术、山杏高接提质增效配套技术，使林业生态效益最大化。示范推广面积 500 亩，示范新技术 3 项，出版技术专集 1 本，印刷技术手册 1500 册，培训 500 人次。

1.1 项目来源

本项目应用技术主要来源于宁夏科技攻关项目"宁南地区'两杏'提质增效关键技术集成与示范"取得的成果。该项目于 2011 年 10 月 17 日宁夏科技厅进行了成果登记，成果登记号：2011078。

该成果项目开展了适合宁南地区以高接换种为主的山杏改造提升技术以及以霜期塑料覆盖为主的设施防霜冻等技术的试

验示范，筛选出了宁南地区适宜栽培的红梅杏（良种编号：宁S-ETS-AV-008-2011）等品种6个，提出了宁南地区杏树栽植区域化布局，探索出了露地杏树霜期拱棚覆盖避霜技术，示范推广了山杏高接提质增效配套技术。研究示范了宁南地区露地杏树双行靠（2×2×4）栽培模式，霜期拱棚覆盖防霜冻技术以及宁南地区鲜食杏、仁用杏品种筛选与区划的研究等方面有创新。研究成果对宁夏同类地区山杏改造提升，具有重大的科技引领和支撑作用，具有广泛的适应性和巨大的潜在应用价值。

1.2 项目推广目的和意义

1.2.1 通过西吉县宁南地区两杏提质增效关键技术集成与示范基地建设，建立山杏改造提升、露地杏树霜期拱棚覆盖避霜基地，进一步通过两杏提质增效关键技术集成与示范基地的示范引领作用，加快宁夏林业重点生态工程的建设。

1.2.2 通过技术与创新，进一步创新宁南地区山杏改造提升。项目的预期成果形成鲜食杏、仁用杏改造提升、防霜冻技术体系，不仅为宁夏林业建设提供技术储备，而且对宁夏林业的发展具有重要的科学意义和应用价值。

1.2.3 实行科研院所、地方科技部门等多部门互动，充分发挥科研单位的技术优势、基地的土地等资源优势，预期形成宁夏林业经济林建设运行机制。

2. 项目实施内容

2.1 主要推广示范技术

主要示范推广内容为《宁南地区两杏提质增效关键技术集成与示范》的核心成果，对彭阳鲜食红梅杏（良种编号：宁S-ETS-AV-008-2011）、串枝红杏（良种编号：宁R-ETS-AV-001-2011）、金太阳杏（良种编号：宁R-ETS-AV-002-2011）、曹杏（良种编号：宁R-ETS-AV-003-2011）、仁用杏（龙王帽、薄壳仁用杏）

示范推广，主要示范推广以下技术：

2.1.1 高接换头关键技术。

山杏高接换头技术。采集芽体饱满的一年生红梅杏等枝条剪取接穗。选择退耕地或林地栽植的6—7年生山杏为砧木，于3月下旬进行嫁接。嫁接方法可采用劈接法。接穗成活后，当年应除萌4—5次，除草3次以上。在新梢达到25厘米时要立支柱，防止风折。新梢长到60厘米时，及时摘心2—3次。在雨季或灌水前，每亩应施入40千克氮肥和15千克磷肥，加强蚜虫、金龟子等病虫害的防治。

2.1.2 霜期拱棚覆盖防霜冻技术。

春季杏树花期、霜冻来临之前建成简易拱棚，每2行盖1个棚，棚顶部铺设彩条布防霜冻。

2.1.3 建拱棚技术。

建简易拱棚，每2行盖1个棚。拱棚垄4支架可用竹竿搭建，栽设宽4米、高3米左右的骨架，竹条长4米，每隔6米1条，拱架距边行1米。各骨架之间用竹竿、铁丝将每个拱架连在一起，将拱架两端较深地插入土中，如果拱架很牢固，也可以不用把拱架连起来。在拱架上面扣上彩条布，四周拉紧后将边缘用铁丝固定，布上面再用压杆或压线将其固定，在防风好的情况下，也可以不用压杆或压线。

2.2 推广示范技术路线

项目通过综合应用《宁南地区两杏提质增效关键技术集成与示范》和红梅杏等良种核心成果，在制订计划、样地选择、材料准备措施等前期准备工作的基础上，通过高接换头、霜期拱棚覆盖防霜冻、建拱棚技术的应用示范，达到生态—经济—社会效益的高度协调。解决当前制约和影响杏产业健康、快速发展的技术问题——鲜食杏、仁用杏嫁接、防霜冻技术薄弱问题，保障杏产品质量安全和产量，促进杏产业快速、健康发展。

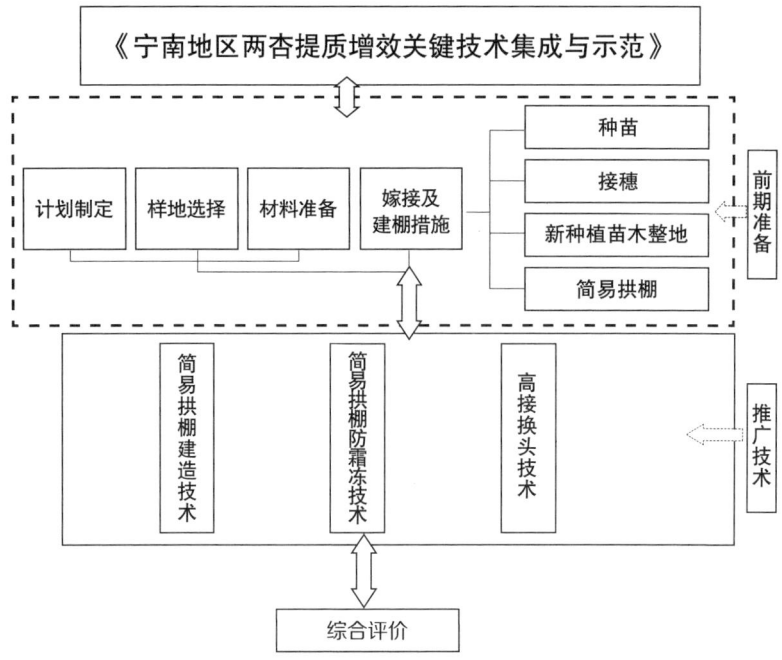

宁南地区两杏提质增效关键技术集成与示范项目技术路线图

2.3 项目建设地点、规模及内容

重点在宁夏西吉县田坪乡大岔村上牛组山杏种植区新种植（补植）120亩、山杏（接杏）嫁接改良面积380亩，建防霜冻拱棚覆盖面积60亩。

2.3.1 建设地点。本项目建设地点设在宁夏西吉县田坪乡大岔村上牛组。

2.3.2 建设规模。项目在田坪乡上牛组宝义林下产业合作社山杏种植区嫁接改良面积500亩，其中在上牛组东山新种植（补植）红梅杏120亩13300株，山杏（接杏）高接换头改良380亩；在上牛组东山建防霜冻拱棚覆盖面积60亩，辐射带动周边农户应用推广面积3000亩。

2.3.3 技术培训。利用3年的时间，以推广的3项技术为内容，采取灵活多样的培训方式，重点培训技术骨干100名，培训农户400名，发放技术手册1500份。

3. 项目建设进度安排

项目实施期：3年，即2017年4月至2019年12月。

2017年完成新植（补植）120亩、高接换头建设任务160亩，2018年至2019年主要完成高接换头220亩、建拱棚建设任务60亩，管护、补植及培训、建档、年度总结等工作。

2017年4月上旬：制订项目实施总体方案，与科研单位成立技术联盟，重点在田坪乡大岔村上牛组进行山杏高接换头，建立示范基地。举办技术培训班2期，培养技术人员40人次，培训农民100人次。

2017年4月中旬—5月底：在示范基地，根据宁南地区两杏提质增效关键技术集成与示范项目的关键技术环节，开展高接换头、霜期拱棚覆盖防霜冻、建拱棚技术示范推广，完成新植（补植）120亩、高接换头160亩。

2017年6月—2018年3月：进行新植（补植）、嫁接苗木养护。进行项目资料整理建档。

2018年4—12月：完成高接换头220亩，建拱棚60亩。根据宁南地区两杏提质增效关键技术集成与示范关键技术环节，举办技术培训班4期，培养技术人员30人次，培训农民200人次。完成年度总结。

2019年1—12月：养护、补植。根据宁南地区两杏提质增效关键技术集成与示范关键技术环节，举办技术培训班2期，培养技术人员30人次，培训农民200人次，发放技术手册1500份。进行项目自验建档，完善项目管理档案，准备项目总结、验收。

4. 所需经费按主要项目分列开支预算（见表）

5. 组织与分工

5.1 项目承担单位与分工

5.1.1 项目主持单位：西吉县林业技术推广服务中心。西吉县林业技术推广服务中心是一个全额拨款的公益性事业单位。现有技术人员 36 名，技术力量雄厚，具有承担国家、自治区各类林业科技试验示范及推广项目的能力。近年来，该中心先后承担了西吉林业发展规划的制订、林业生态建设、经济林产业基地建设、林木种苗基地建设、森林病虫害防治、林业新技术、新成果的引进、示范及推广等工作，取得了丰硕的林业成果，为推动地方经济建设做出了巨大努力。

主要负责项目整体方案设计、技术监督、数据整理材料汇总、观察测定、测定分析，产业化示范、技术辐射、技术培训组织及协调，宣传材料印刷，验收总结、申报成果等。

5.1.2 项目合作单位。

5.1.2.1 西吉县宝义林下产业合作社。西吉县宝义林下产业园区位于田坪乡上牛组，总面积 3100 亩，全部为流转林地和耕地，2013 年开始在田坪乡山杏种植区探索大接杏嫁接，取得了一定成效；2013 年 4 月注册合作社从事林下产业。园区充分利用空闲林地及自然生态环境，将农林生产、生态与生活三者有机结合，以宝义林下产业合作社为龙头，与坪塬养殖合作社、南方万康养殖合作社组成田坪乡林下经济联合社，实施"统一规划，统一建设，抱团经营，共同发展"。成功经营园区果蔬采摘区 1544 亩，主产品为田坪大接杏、卷心菜、辣椒等；经营旱生苗木种籽采集区 727 亩，主产品为柠条、山毛桃、甘草种子，田坪杏种条；经营林下养蜂区 10 亩，养蜂 500 箱。园区采用种、养、销有机循环生产技术，完全符合国家绿色环保节能降耗政策要求，真正实现了"资源增加，农民增收，生态增效"。

中央财政林业科技推广示范项目经费使用计划表

序号	项目建设内容	单位	数量	标准(元)	投资金额（万元）小计	自治区	自筹	备注
	合计				100			
一	试验引种费				49.3			
1	引种补贴费	株			33.3			
1.1	种苗		13300	10	13.3			新植20亩,补植100亩,采购种苗1.33万株
1.2	接穗		50000	3	15			嫁接380亩
1.3	浇水	立方米	100	500	5			
2	种植费		300	100	3			
3	材料费（含基质、化肥、农药）				10			
3.1	含基质、化肥	吨	500	10	0.5			
3.2	农药	千克	50	100	0.5			
3.3	拱棚	平米	40020	2.25	9			
4	劳务支出	人次	500	60	3			
二	试验费				36.7			
5	试验监测费	人次	300	150	4.5			
6	数据搜集费	人次	370	100	3.7			
7	研发试制费	人次	4	30000	12			
8	基本设备费		5	3000	1.5			测量仪、Gps、等
9	科普宣传、标识牌制作费		1000		4.5			宣传材料1000份,标牌2个
10	实验标本制作费		60	500	3			60份
11	出版书籍		1	3	3			一本
11	资料费		1500	30	4.5			技术宣传册
三	技术咨询费、培训费				14			
12	专家咨询费	人次	20	3000	6			交通、住宿、咨询费
13	培训费	人次	500	160	8			骨干技术、群众

主要负责示范基地建设技术支撑引导、技术培训。

5.1.2.2 宁夏林权服务与产业发展中心。宁夏林权服务与产业发展中心是我区专业从事林业产业研究的社会公益性综合研究和管理单位。在杏、枸杞、设施农业、酿酒葡萄、红枣等方面进行了深入的研究，在经果林等方面攻克了一批关键技术，取得了一系列成果。主要成员均从事林业科学研究和生产多年，都属中级职称以上，具有一定的林业科学研究能力，从物质条件和人员素质都具有较强的技术和管理能力，完全有能力保证该项目的顺利实施。

主要负责具体技术方案的制订、全程技术实施的监督、基地建设的技术指导、技术培训及病虫害安全防控技术指导。

5.2 项目组织管理

本项目在实施过程中做到组织严密、责任明确、分工具体。严格按照合同规定的任务、技术和示范地区实施。由自治区林业厅、财政厅组织及监督管理，西吉县林业技术推广服务中心认真负责整体技术的实施、示范，项目协作单位紧密配合，任务明确，责任清楚，充分发挥各单位的优势，全力开展项目技术示范推广工作。在项目实施管理方面，采取任务、目标管理，由项目承担单位指导、监督，成果应用单位按时按量的完成项目各阶段的任务。同时，在项目执行过程中，项目承担单位始终接受项目主管部门的监督和检查，按时提交项目年度实施方案、阶段总结和年度总结，做到发现问题及时解决，为项目顺利实施开展奠定坚实基础。

5.3 项目负责人及主要参加人员（略）

6. 达到的经济技术指标、经济效益、社会效益及生态效益

6.1 经济技术指标

完成红梅杏种植示范林 120 亩、嫁接改良 280 亩，亩留苗量 111 株。当年成活率达到 85%，3 年保存率达到 85%。

通过项目的实施，在西吉县田坪乡大岔村上牛组建红梅杏防霜冻简易拱棚 60 亩。当年保花、保果率达到 75%。

在项目的实施过程中，示范推广高接换头、红梅杏霜期拱棚覆盖防霜冻、建拱棚新技术 3 项。

出版正式技术专著一本 (10 万字以上)。

技术培训 500 人次，发放技术手册 1500 册。

6.2 经济效益分析

采用两杏推广技术在宁夏适地规划推广发展 500 亩，一般 5 年进入盛果期，较高水平经营 6—12 年，每亩亩产 2000 斤，每斤市场价 5 元，6 年亩产值 6 万元，平均每年亩产 1 万元以上，则 500 亩林地，平均每年总产值等于 10000 元 / 亩 ×500 亩 = 500 万元，6 年一个生产周期产值应为 500 万元 ×6 = 3000 万元。由此可见该项目的效益相当可观。

6.3 社会效益

通过项目的实施，可以为当地居民提供许多直接和间接就业机会，如人工嫁接、施肥、果实采收、基础设施修建等。据初步计，本项目期内约需年投入 1.5 万工（次），能在一定程度上缓解农村人口就业压力。另外，项目开展后将直接带动种苗、旅游、交通等的发展，从而带来间接的就业机会。同时通过项目的实施，可促进"科研 + 企业 + 农户"的农业产业化发展模式的形成，建立科技信息服务体系，大力宣传和创新科研成果，提高两杏产业的科技含量，保障了产品质量安全，提质增效，对推动产业持续发展具有重大意义。

6.4 生态效益分析

项目建成后，群众的生活、生产条件将得到进一步改善。森林的水源涵养包括土壤蓄水量、枯落物持水量、林下灌木持水量及乔木林冠截留量。与无林地相比，有林地平均可多蓄水

322.5米^3/（公顷·年），据此预测，到本期末项目区森林蓄水量能力约增加1.1万米^3/年。其固持水土、保护和改良土壤等方面的功能也相当突出。同时，森林植被的提高还可增加对氢化物、氯化物等有害物质的吸收，增加杀菌等功效，有利于提高人居环境质量，促进生态环境建设。

后　记

西吉县第一轮退耕还林面积中山杏、山桃所占比重较大。2000—2007年，完成退耕还林104.18万亩，其中，山杏、山桃面积达48万亩，适宜嫁接改良的约有19.5万亩。当前，栽植的山杏、山桃已经陆续进入盛果期。但是，由于退耕地大部分位于梁峁顶及山体的中上部位，光、热、水、土壤肥力等自然条件差，冷凉的自然条件使林木生长缓慢，幼林成林晚，山杏经济效益较差，群众粗放经营，经济效益不明显。

宁夏回族自治区林业厅科学技术与野生动植物保护处下达西吉县林业技术推广服务中心实施西吉县宁南地区两杏提质增效关键技术集成与示范项目。在项目实施过程中，2017—2019年，在西吉县田坪乡退耕还林区试点山杏高接换种改造，获得了大量数据资料，结合以往西吉县在杏树栽培中的经验教训，笔者完成了本书的编写。

2017—2019年，在西吉县田坪乡退耕还林区试点山杏高接换种改造，成活率达到85%。进行山杏高接换种改造，对保护退耕还林建设成果，增加退耕户收入具有重要的作用。同时，能够对山区野生的山杏资源，进行高接换种改造和利用。

本书详细阐述了西北地区宁夏南部山区山杏高接接种技术，包括前期准备、品种选择、嫁接时间、嫁接技术、后期管理等环节，重点介绍了杏树嫁接技术、花期和幼果期防霜冻技术要点、病虫害防治技术，为宁夏山区退耕还林杏产业后续发展、增加退耕户收入提供了有益的探索。

在项目实施中，得到了多方面的帮助。宁夏回族自治区林业厅科学技术与野生动植物保护处多次组织技术专家进行检查指导，宁夏森林病虫害防治检疫总站曹川健教授、李德家教授多次现场指导杏树病虫害防治技术，宁夏彭阳县林业技术推广服务中心陈克斌主任提供了红梅杏栽培技术资料，在此，一并致谢。对参考有关文献的作者和所有给予帮助的同志，表示诚挚的谢意。

由于业务水平所限，加之时间仓促，书中缺点或错误在所难免，敬请读者批评指正。

编 者
2019 年 6 月